主廚的料理法則

101 Things I Learned
in Culinary School

Louis Eguaras with
Matthew Frederick

30年經驗才敢說，白宮主廚讓名人折服的101堂料理精華課

IOO 原點
UN-
3OOCS

致 Agnes
謝謝妳的信任，及所有付出

——路易斯

Author's Note

料理界在這本書的初版之後大幅演化,這要感謝不斷出現的各種食物相關網站、電視節目、新食譜、烹飪 App、熟食外送服務,以及各種書籍,就像這本書一樣。

這個領域原本就充滿著各種專業知識及技術,現在又變得更加複雜,太多事要學了,該從哪裡開始呢?

在此,修訂新版增加了更多祕訣、寶貴的經驗、以及新手下廚必備的基礎知識,更精確來說是帶您準備好下廚。從買鍋子、選馬鈴薯到烤紅屋牛排(porterhouse),本書為您分門別類各種需知,搞懂最重要的事。

如果您已經有烹飪的經驗了,本書深入淺出,可以提醒您正確的做法。如果您是要進入烹飪的工作領域,您可以學到料理界最重要的專業知識,包括廚師的想法和做法、專業的廚房如何運作,以及餐廳營運的術語和流程。

跟初版一樣,這不是一本食譜,您會學到一些烹飪的方法,但本書的重點是幫助您準備好開始烹飪。建議您將這本書放在廚房,隨時查閱,放在邊桌上或隨身攜帶,有空時就翻翻。在課堂之間、公車上、等水開時,隨時隨地翻到哪頁就讀哪頁,當成是提醒或複習。現在有修訂新版了,初版可以拿來當杯墊了。

——路易斯·埃瓜拉斯和馬修·佛瑞德列克

作者序 Author's Note 007

致謝

Acknowledgments

路易斯：感謝我的母親 Maridel Gonzales-Beckman；我的繼父 Kent M. Beckman；Steve Brown、Stephen Chavez、Jeffrey Coker、Mark Diamond、Ronald Ford、Monica Garcia-Castillo、Peter George、Martin Gilligan、Herve Guillard、Simon Harrison、Keith Luce、Mike Malloy、Jayson McCarter、Roland Mesnier、John Moeller、Glenn Ochi、Patrice Olivon、Mike Pergl、Mauro Daniel Rossi、Lachlan Sands、Walter Scheib、Mike Shane、Paul Sherman、Trinidad Silva、Richard Simpson、Rick Smilow、Robert Soriano、Bruce Whitmore、Matthew Zboray；感謝我的廚藝教師同儕們（他們都喜歡我簡單明瞭地說明料理的技巧和詞彙）、幫助我決定本書內容的學生們、美國海軍，還有最重要的是我美麗的妻子和摯友 Anges Castillo Jose-Eguaras。

麥特：感謝 Ty Baughman、Sorche Fairbank、Matt Inman 和 Josephine Proul。

主廚的料理法則

30年經驗才敢說，
白宮主廚讓名人折服的101堂料理精華課

101 Things I Learned in Culinary School

乾式烹調
直接接觸熱源或油

溼式烹調
以液體中介

There are only two ways to cook.

烹調只分成兩種。

乾式（dry cooking）是直接讓食物接觸熱源──透過熱輻射、熱對流或油直接加熱，作法包括煎、炒、炸、火烤、烘烤、爐烤和烘培，食物的表面通常會焦化。

溼式（moist cooking）是將食物浸入水中，或牛奶、酒、高湯等液體中導熱，作法包括大火快煮、小火慢燉和蒸，煮熟的食物不會焦化，仍保持軟嫩。

舒肥（sous vide，即法文的「真空」）是將食物密封在塑膠袋或玻璃中，用熱水加熱很長的時間，這種方法介於乾式和溼式兩者之間，食物沒有接觸到水，但是透過水來導熱。燉或熬通常都是結合乾式和溼式，先乾煎肉，然後放入液體中小火慢燉。

01

鍋具
依頂部來決定大小

烤盤
依底部來決定大小

Don't buy a matched set of pots.

不要買成套的鍋具。

鑄鐵／生鐵（cast iron）：很重、耐用，受熱平均，可維持高溫，適合讓食材焦化／煎。對酸會起反應，必須經常養鍋（塗上油脂和碳來形成保護層），才能避免生鏽。琺瑯鑄鐵鍋的表面有一層陶瓷塗層，可省去養鍋的手續。

不鏽鋼（stainless steel）：較輕，對酸性物質沒有反應，導熱不佳，鍋底要有一層鋁或其他易導熱的塗層。

鋁（aluminum）：輕量、較便宜、導熱良好，但是遇酸會起反應變色，容易凹陷。電鍍的鋁則較穩定及耐用。

碳鋼（carbon steel）：耐用、導熱快，跟鑄鐵鍋一樣，需要養鍋。適合用做炒鍋、西班牙燉飯鍋（paella）和可麗餅平底鍋。

銅（copper）：導熱快，受熱最平均，對溫度的改變反應很快。較貴，對酸會起反應，容易沾鍋，適合炒及做醬汁。

O2

烤架（grill）
食物直接接觸火

醬汁鍋（sauciér）
醬汁、卡士達醬、義式燉飯、
濃稠的食物；方便攪拌

炒鍋（sauté pan）
燉、炒

烤盤（griddle）
表面整片用來加熱

平底鍋（skillet）
煎、焦化；收乾湯汁

深平底鍋（saucepan）
基本的加熱及大火快煮

A griddle is not a grill.

烤盤不是烤架。

烤盤是一整片平面厚重的炊具，通常用來煎鬆餅、蛋、歐姆蛋、牛排及其他美式餐廳常見的食物。

烤架則是開放式的網子，火會直接接觸到放在上面的食材。最適合拿來烤肉，以及某些魚及青菜。

深平底鍋的鍋緣與鍋底呈直角，適用於加熱或水煮。

醬汁鍋的鍋緣則是斜的，鍋底呈圓形，沒有死角，食物不易燒焦，最適合用來做醬汁、卡士達醬、義式燉飯和濃稠的食物。開口大方便攪拌。

平底鍋的鍋緣淺且外翻，液體可以快速揮發，適合煎、焦化以及收乾醬汁。斜的鍋緣則便於翻面和倒出食物。

炒鍋適合炒，鍋緣垂直且深，附有鍋蓋，可防止噴濺，並集中熱氣與水氣。適合乾溼混合式料理，例如先煎後燉。

O3

A restaurant kitchen is a military operation.

餐廳廚房如戰場。

餐廳廚房不是家中廚房的專業版，是一個紀律嚴明的作業系統，所有的動作環環相扣，所有的食物和廢料都有用途，每一道菜的準備都有制式的作法，結果必須符合主廚的期望。一道菜的成功，來自於嚴格遵照廚房職位系統所建立的一連串指令。

行政主廚（Executive chef）：負責整個廚房的運作，包括菜單、食譜、補給、設備、廠商和員工，通常也擔任控菜員。

控菜員（Expeditor）：出菜前確認所有細節符合標準以及主廚的要求，擦拭盤中的污漬、添上盤飾，協調外場人員。

副主廚（Sous chef）：主廚的副手。通常是訓練中的主廚，負責員工的聘僱及排班，也能擔任控菜員。

二廚（Station chefs / line cooks）：負責料理客人的點單，通常專責一個廚站，例如醬汁、烤架、炒、魚類、炸、烤爐、蔬菜類、冷盤（garde manger）。也可勝任其他廚站。需向副主廚負責。

備料廚師（Prep cooks）：為二廚準備材料，例如計算食材，並幫忙切肉、海鮮、蔬菜和水果，以及監督湯和醬汁。

04

bri-GADE.（一二）
　　　　　bri-GAHD.（三四）
bri-GADE.（一二）
　　　　　bri-GAHD.（三四）
bri-GADE.（一二）
　　　　　bri-GAHD.（三四）

Kitchen lingo

廚房慣用語

All day（總共）：一張點單上同一品項的總數，例如，兩個漢堡三分熟＋一個漢堡五分熟＝總共三份漢堡。

Check the score（分數）：告訴我有幾張點單。

Down the Hudson（進哈德遜河）：丟進廚餘絞碎機（garbage disposal）。

Dragging（拖延）：沒有跟點單中其他菜一起上菜，例如，「薯條在拖延」。

Drop（下）：開始做，例如，「下薯條」（drop the fries）。

Family meal（員工伙食）：廚房員工在上班前或下班後的餐點。

Fire（開火）：開始做，而且做快一點，例如，「馬上做一個漢堡來」（fire the burgers）。

Get me a runner（給我個跑腿）：找個人來上菜。

In the weeds（身陷草叢）：忙不過來。

Make it cry（催淚）：加洋蔥。

The Man（那個人）：衛生局的檢驗員。

On a rail or on the fly（飛快）：十萬火急，例如，「立刻給我兩碗湯」（get me two soups on the fly）。

05

Mise en place is a practice and a philosophy.

一切就緒是行動也是哲學。

在真正開始料理一道菜或開始輪班之前，先準備好所需的一切，食譜、食材、餐具、湯鍋、平底鍋、高湯、醬汁、油、碗盤等等，在開始料理前完成所有準備工作，讓一切就緒。

Mise en place 是「一切就緒」的法文，讓廚師可以有效地掌握時間和空間，流暢地工作，不需要停下來找東西或準備基本的東西。一切就緒除了是實際的準備工作，也是廚師展現其個性與態度的哲學。食物、廚具和碗盤的儲存方式和位置，食材從抵達到儲藏、料理、擺盤到出菜的流程，從清潔到廚餘都包含其中。一切就緒涵蓋了廚房中的硬體環境以及心理狀態。

06

"The universe is in order when your station is set up the way you like it……"

——ANTHONY BOURDAIN

「當廚房的擺設按照你想要的樣子時，宇宙便能正常運轉。你閉著眼睛也能找到東西，出每道菜所需的東西都觸手可及，你的防衛系統就堅不可破了。」

——安東尼・波登（1956–2018）* 《廚房機密檔案》（*Kitchen Confidential*, 2000）

＊譯註：美國主廚、前旅遊生活頻道《波登不設限》美食探險節目主持人，著有《廚房機密檔案》、《名廚吃四方》、《把紐約名廚帶回家－波登的傳統法式料理》、《胡亂吃一通》等暢銷書。

07

Call it out!

出聲！

「刀子！」、「後面有人！」、「燙！」、「開烤箱！」、「讓一讓！」，這些話在忙碌的廚房中都必須大聲喊出來，輕聲說「對不起」是不夠的，溝通不夠可能導致燙傷、刀傷、跌倒或手上的東西被撞掉。

O8

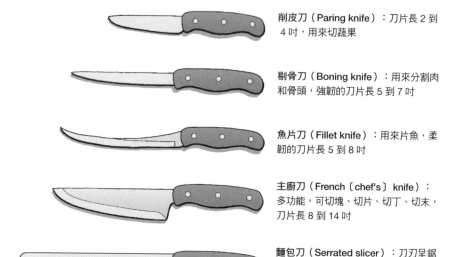

削皮刀（Paring knife）：刀片長 2 到 4 吋，用來切蔬果

剔骨刀（Boning knife）：用來分割肉和骨頭，強韌的刀片長 5 到 7 吋

魚片刀（Fillet knife）：用來片魚，柔韌的刀片長 5 到 8 吋

主廚刀（French〔chef's〕knife）：多功能，可切塊、切片、切丁、切末，刀片長 8 到 14 吋

麵包刀（Serrated slicer）：刀刃呈鋸齒狀，刀片長 12 到14 吋，通常用來切麵包、蕃茄和鳳梨

Five knives will do 95% of the work.

五把刀滿足 95% 的需求。

廚師通常都會自備刀組，換工作時會帶著走。寧可只買幾把高品質的刀，也不要很多把便宜的刀，高品質的刀用起來較輕鬆，且耐用易保養。

O9

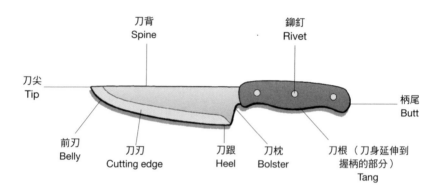

刀背
Spine

鉚釘
Rivet

刀尖
Tip

柄尾
Butt

前刃
Belly

刀刃
Cutting edge

刀跟
Heel

刀枕
Bolster

刀根（刀身延伸到
握柄的部分）
Tang

刀的結構

大部分的刀都是模造或鍛造，模造（stamped）是利用一個模板切割金屬，鍛造（forged）則是手工在極高溫下打鐵。模造刀具較輕、較便宜，但是缺乏鍛造刀具的品質及手感，而且較容易鈍。

碳鋼（carbon steel）：碳與鋼的混合，由於磨刀容易，主廚刀通常使用這種材質，但是遇到酸性物質容易變色。

不鏽鋼（stainless steel）：廚房中最常見的材質，不易磨損或變色，使用壽命比碳鋼長，但是刀鋒較不銳利。

高碳不鏽鋼（high-carbon stainless steel）：碳與不鏽鋼的混合，因為不易磨損或變色，而且磨刀容易，是很多主廚的最愛。

陶瓷（ceramic）：由硬度僅次於鑽石的氧化鋯（zirconium oxide）粉末鑄模燒製而成，非常銳利、不會生鏽、容易保養與清潔，而且對酸性物質沒有反應，比其他刀更好切。

10

對

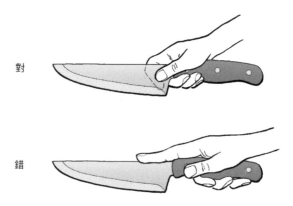

錯

Shake hands with a knife.

跟刀子握手。

要拿好主廚刀，首先，將拇指放在刀片和刀柄連接處的一側，中指、無名指和小指自然地握住另一側，食指放在刀片的另一側靠近刀柄的地方。用這種方式「固定」可充分控制刀子，而且最節省腕力，整天在廚房工作必須考慮到這點。

絕對不要將食指放在刀背上面朝下，感覺上這樣放好像比較穩，但實際上是較不穩，而且會影響到力道和準確度。

11

條

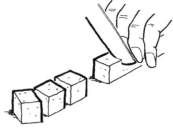

丁

Cut fork foods 2½" or smaller.

切成不超過 2½" 的一口大小。

廚師必須精通的基本刀工如下：

切丁（Dice cuts）：適合蔬菜，像是紅蘿蔔、芹菜、洋蔥、根莖類和馬鈴薯，用來做湯、燉、熬高湯、作為盤飾。
- 小丁（Brunoise）：1/8" × 1/8" × 1/8"
- 中丁（Macédoine）：1/4" × 1/4" × 1/4"
- 大丁（Parmentier）：1/2" × 1/2" × 1/2"

切條（Rectangular cuts）：像火柴棒一樣的細長條，切面大致呈方形，通常是用來炒的蔬菜、肉或魚。
- 切細絲（Fine Julienne）：1/16" × 1/16" × 2½" 長
- 切絲（Julienne）：1/8" × 1/8" × 2½" 長
- 粗條（Batonnet）：1/4" × 1/4" × 2½" 長

長度大多不超過2½"（約 6 公分），否則會難以入口。

12

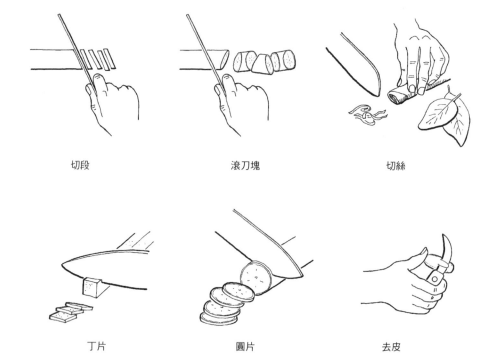

切段　　　　　　　　滾刀塊　　　　　　　　切絲

丁片　　　　　　　　圓片　　　　　　　　　去皮

特殊刀工

切段（Bias or Asian）：對角斜切，通常是長條形的蔬菜，藉以加大橫切面，更快煮熟。

滾刀塊（Oblique or Roll）：跟斜切一樣，只是每一刀都換一個方向，切出不規則的 V 字型。煮高湯或用來烤的蔬菜可以這樣切，增加接觸的面積。

切絲（Chiffonade）：先將香草葉或菜葉疊起來，再捲成圓筒狀，切成細絲。

丁片（Paysanne）：切成方形片狀，約 1/2" × 1/2" × 1/8" 厚，常用於盤飾。

圓片（Rondelle）：蔬果切成圓形片狀，用在湯、沙拉和配菜。

去皮（Tourné）：馬鈴薯、紅蘿蔔或其他根莖類削成像橄欖球或圓桶一樣的形狀，將周圍削出七個切面，頭為鈍角，每條約 1½" 長 × 1/2" 寬。

13

大腸桿菌（E. coli）

料理的溫度範圍

°F	°C	
0	-18	冷凍
40	4	冷藏
41–135	5–57	食物危險範圍，細菌在二十分鐘內會加倍
90	32	大部分的油會開始融化
110	43	手在水中最大可以容忍的溫度，只能停留幾分鐘
120	49	住宅熱水器的標準設定
140–165	60–74	肉類可安全食用的最低溫度
145–170	63–77	燉鍋的保溫
160–180	71–82	低溫水煮的水溫
165	74	餡料、燉菜和剩菜的安全內部溫度
171	77	殺菌的最低溫
180	82	營業用洗碗機清洗程序的水溫
185–205	85–96	水開始滾的溫度
212	100	水在海平面的沸點，開始蒸發
240	116	可以殺死大部分不活躍的微生物
250–350	121–177	大部分食物焦化時表面的溫度
350–375	177–191	炸東西時油的溫度
350–520	177–271	大部分食用油起煙的溫度
357	181	大部分食物表面到這個溫度時會開始燒焦
625–800	329–427	營業用披薩烤爐

14

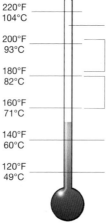

220°F
104°C

沸騰（海平面上 212°F／100°C）：
很大跳動的泡泡

200°F
93°C

滾：表面充滿小泡泡，但還不到跳動的程度

180°F
82°C

160°F
71°C

溫熱：水開始輕微地動，還沒有泡泡

140°F
60°C

微熱：鍋子的邊緣出現小泡泡

120°F
49°C

一般住宅熱水的最高溫

如何煮水

1. 在大小適當的鍋中裝入大量的水，過多比過少好。有些食材，像是米、蛋和根莖類蔬菜，一開始用冷水煮受熱會比較均勻。

2. 蓋上鍋蓋置於爐上，火焰不要大於鍋子，節省能源。

3. 水開始滾之後，加鹽可以防止鋁鍋或鑄鐵鍋留下斑痕，在放入食物前加鹽，也可更好溶解及入味。煮義大利麵、馬鈴薯和蔬菜時，應該在水中加入很多鹽（約一公升的水一茶匙的鹽），只有少部分的鹽會被這類食材吸收，大部分都是倒掉。但是煮米、豆類和穀類，則不能放太多鹽，因為這食材很會吸收鹽分。

15

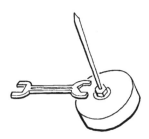

1

2

How to calibrate a mechanical thermometer

如何校正傳統溫度計

大部分情況下電子溫度計都是很好用的，但是傳統的溫度計在廚房裡還是有一席之地，至少每週或每次使用完都要校正一次。方法如下：

1. 準備一杯碎冰，加入冷水，攪拌均勻，插入溫度計，不要碰到玻璃杯的邊緣或底部。

2. 水銀靜止不動後（約需三十秒），轉動螺帽讓指針指向32°F／0°C。

3. 將溫度計靜置在冰水中三十秒，如果不是停在32°F／0°C，進行調整。

也可以利用沸水來校正，讓溫度計指向沸點。

16

Random hypothesis: the most universal texture preference is a crisp outside and tender inside.

大膽假設：外酥內嫩是大家最愛的口感。

在遠古時代，我們打獵和採集，依本能尋找、接觸、征服和享受，大自然中許多我們喜愛的食物都有一層保護，讓我們無法立即享受：堅果的殼、水果的皮、動物的巢穴，這些保護讓我們得費一番功夫，但也增加了食用的樂趣。

我們現在與食物之間的關係，仍在重現這種費功夫取得之後享受的過程，無論是烤麵包、炒青菜、煎牛排，或是烤布蕾表面的焦糖，都是在滿足我們自古以來對食物的渴望。

17

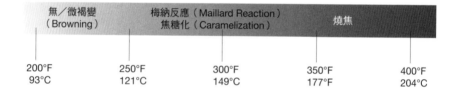

無/微褐變 （Browning）		梅納反應（Maillard Reaction） 焦糖化（Caramelization）	燒焦	
200°F 93°C	250°F 121°C	300°F 149°C	350°F 177°F	400°F 204°C

食物表面的大約溫度

Brown it.

褐變反應。

食物加熱到表面溫度介於 250–350°F（121–177°C）時，會出現兩種相似但不同的褐變反應，食物中若含有天然的糖和特定的胺基酸，例如肉類和麵包，是**梅納反應**，若是蔬果類，只含有天然的糖，但沒有必要的胺基酸，則是**焦糖化**。

這之間的差別常被搞混，但其實兩者的區別並不是那麼重要，都是褐變，無論是煎煮炒炸烤或烘，無論是澱粉、蛋白質或青菜，褐變都會增添食物的風味，口感外酥內嫩。

煎／炒　　　　　　　　　油煎　　　　　　　　　油炸

油的深度

Deep-fry at 350 to 375°F (177 to 191°C).

適當的油炸溫度在 177°-191°C 之間。

乾煎：用最少量的油和高溫（425°F／218°C），將食物的每一面靜置一至兩分鐘，讓表面焦化，可以在燉或煮前只煎一下，也可以將食物整個煎到完成。

炒：用少許的油，將切成小塊的肉類或蔬菜高溫快速翻炒（400–425°F／204–218°C）。

嫩煎：用少許的油，中溫（275–350°F／135–177°C）讓食物焦化，之後可再加入液體用低溫燒煮。

油煎：用 1/8" 到 1/2" 深的油，不超過食物一半的高度，以中到高溫烹調（350–400°F／177–204°C）。

油炸：食物完全浸到 350–375°F／177–191°C 的油當中。溫度太高食物可能會焦掉，溫度太低則表面會不夠酥脆。分小批油炸可維持油的溫度，殘渣要撈起來避免冒煙點降低。

19

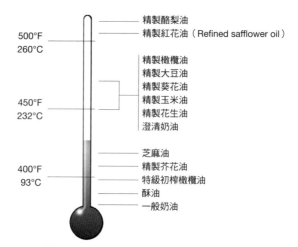

精製酪梨油

精製紅花油（Refined safflower oil）

500°F
260°C

精製橄欖油
精製大豆油
精製葵花油
精製玉米油
精製花生油
澄清奶油

450°F
232°C

芝麻油

精製芥花油

400°F
93°C

特級初榨橄欖油

酥油

一般奶油

大約的冒煙點

鍋的守則

1. 煎或炒時，先熱鍋，再倒油。油若太早下鍋，會太快變質，失去潤滑的物質。油煎或油炸因為是大量的油，不需先熱鍋。

2. 鍋子熱了之後才加油。油的冒煙點至少要比鍋的溫度高 25°F／14°C，冒煙點是指油開始變質及沸騰的溫度，奶油和特級初榨橄欖油的冒煙點很低，使用時必須特別注意溫度。

3. 加入食材之前若油已冒煙或變色，表示溫度太高了，請將油倒掉並將鍋具洗淨，重新來過，因為過熱的油會釋放致癌物質，而且可能會起火燃燒。

4. 食材要瀝乾並放至室溫。

5. 鍋中不要放入過多的食材。

6. 為避免蛋白質（肉類、蛋、魚）沾鍋，不要太快翻面，完全煎透的蛋白質自然不會沾鍋。

20

用中式炒鍋快炒。

Make a sauté jump.

邊炒邊跳。

法文的炒（Sauté）意指跳，鍋子必須夠熱，讓食材在裡面蹦蹦跳跳。如何炒出一盤好菜：

· 完全準備就緒，時間是關鍵。
· 所有食材都必須瀝乾水分。
· 炒鍋要夠大並先抹上油。食材若擠在一起便無法均勻受熱，水分無法散去，容易燒焦。
· 加油前先熱鍋，直到滴幾滴水下去會馬上蒸發的程度。
· 在鍋中加入少量的油，繼續加熱，丟進一小塊洋蔥，如果會跳起來，就是夠熱了。
· 將食材放入鍋中，持續快速翻動。紅蘿蔔等根莖類需要的時間最長，菇類、蝦子和貝類要後放，以免過老。
· 直接翻動炒鍋比用鏟子翻炒來得好，因為這樣可以讓大部分的食材都一起翻動，平均受熱。

21

1

2

3

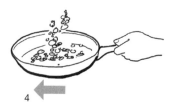

4

如何翻動炒鍋

1.「抖動」鍋子，或用鍋鏟輕推食材，確定食材沒有黏鍋。

2. 提起鍋子，盡量往下傾斜，讓食材往底部滑。

3. 在食材滑出去之前，快速提起底部，將食材往你的方向 回來，這時食材會停在空中。

4. 將鍋子稍微往外移動，讓食材落在鍋子的中央。掌握時間，讓這個步驟連接到下一個翻炒的第一個動作。注意不要讓鍋子離開火源太久。

新手可以先用一片烤吐司和冷鍋練習，以免在使用熱鍋時受傷或浪費食物。

22

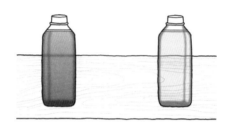

未精製油	精製油
未精製油是直接從原料壓製而來,像是橄欖、花生、核桃等等	在高溫下從原料萃取而來,通常會加入化學溶劑
混濁或有沉積物	外觀清澈透明,色淡
保留原料原始的風味,味道、色澤和香氣都較強烈	製程導致風味和營養的減損
較適合低溫烹調	冒煙點較未精製油高
最適合能夠發揮原始風味的料理,像是做成沙拉醬或醬汁	適合不需油調味的料理,例如烘焙
分成冷壓、榨油機壓榨、榨油機冷壓	保存期限長,製程中添加的除臭劑可能會讓人因此分辨不出油是否已餿掉

Three oils will handle almost everything.

三種油搞定。

針對一般料理，只需選擇沒有過敏原和冒煙點合適的油即可。

芥花油冒煙點在400°F／204°C，適合大部分的高溫烹調，價格不貴，天然的風味最適合烘焙。

橄欖油健康，而且風味絕佳。特級初榨橄欖油冒煙點很低，在 320 到 390°F／160到 199°C 之間，不適合使用在某些烹調方式。精製橄欖油風味較淡，但冒煙點可達 485°F／252°C。

涼拌或調味油是用在冷食，像是沙拉或麵包。特級初榨橄 油和核桃油是常見的選擇。還有很多其他種類，不同的料理會搭配各自適合的油，而這些油通常針對特定食材，無法多方適用。風味油則是添加了不同的風味，像是大蒜、九層塔或辣椒。

請務必根據不同的料理來選擇適合的油。奶油、酥油、食用油或其他油脂都有各自適合的料理。

"This beautiful, approachable book not only teaches you how to cook,
but captures how it should feel to cook: full of exploration, spontaneity and joy
Samin is one of the great teachers I know." —Alice Waters

SALTFAT
ACIDHEAT

MASTERING THE ELEMENTS of GOOD COOKING

by SAMIN NOSRAT
and art by WENDY MacNAUGHTON
with a foreword by MICHAEL POLLAN

"When we think of France, we think of butter. When we think of Italy or Spain, we think of olive oil……"

——SAMIN NOSRAT

「講到法國，我們會想到奶油；講到義大利或西班牙，我們會想到橄欖油；講到印度，我們會想到澄清奶油。如果要在家做日本料理，我不會用橄欖油，因為做出來不會是日本菜該有的味道。所以，要做出道地的料理，就從用當地的油開始。」

——沙敏·納斯瑞特[*]

[*]編註：沙敏·納斯瑞特（1979-），美國廚師，《紐約時代雜誌》美食專欄作家，著有《鹽、油、酸、熱：融會貫通廚藝四大元素，建立屬於你的料理之道》（*Salt, Fat, Acid, Heat: Mastering the Elements of Good Cooking*），本書於 2018 年改編成 Netflix 系列紀錄片《鹽油酸熱》（*Salt Fat Acid Heat*）。

24

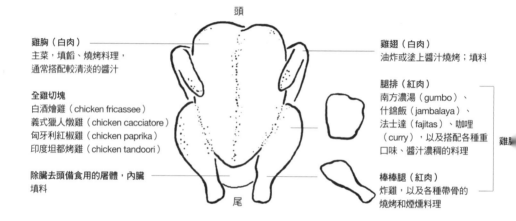

頭

雞胸（白肉）
主菜，填餡、燒烤料理，
通常搭配較清淡的醬汁

全雞切塊
白酒燴雞（chicken fricassee）
義式獵人燉雞（chicken cacciatore）
匈牙利紅椒雞（chicken paprika）
印度坦都烤雞（chicken tandoori）

除臟去頭備食用的屠體，內臟
填料

尾

雞翅（白肉）
油炸或塗上醬汁燒烤；填料

腿排（紅肉）
南方濃湯（gumbo）、
什錦飯（jambalaya）、
法士達（fajitas）、咖哩
（curry），以及搭配各種重
口味、醬汁濃稠的料理

棒棒腿（紅肉）
炸雞，以及各種帶骨的
燒烤和煙燻料理

雞腿

如何處理全雞

買全雞可以變化出很多種料理,而且比較便宜。只要依照禽類的結構找到骨頭和關節,便能輕鬆將一隻全雞大卸八塊。

雞翅:將雞的尾部朝向自己。一般作法,從最接近身體的關節處取下雞翅,如果是要帶翅雞胸(airline-style),將第一節骨頭留在雞胸上,從中段的關節切下雞翅,肉可留在原位,也可推向雞胸。

雞腿:將雞掰開,從腿排連接雞胸的地方下刀,往下切到腿排關節,將腿排朝向你轉動,直到腿排骨與關節分開。沿著胸腔和脊椎,將雞腿下面及周圍的肉切下。小心沿著脊椎旁的牡蠣肉(oyster meat)切,這樣才能連同腿排切下。

從雞腿分出腿排與棒棒腿:將帶皮的那面朝下,找到關節連接處,直接從關節處切下。

雞胸:沿著胸骨將兩邊的雞胸肉分別取下。

25

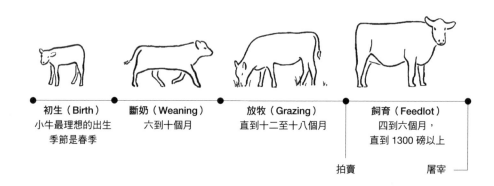

初生（Birth）
小牛最理想的出生
季節是春季

斷奶（Weaning）
六到十個月

放牧（Grazing）
直到十二至十八個月

飼育（Feedlot）
四到六個月，
直到 1300 磅以上

拍賣

屠宰

食用牛的不同階段

Good beef is a month old.

好的牛肉需三十天熟成。

豬、羊和雞鴨等肉類在屠宰後，會有一小段熟成的時間，有時甚至沒有。但是牛因為體積較大，飼養的時間也較長，需要經過熟成，讓動物天然的酵素來分解僵硬的肌肉纖維。

乾式熟成是將牛肉置於恆溫恆溼控制的冷藏室中，兩週到幾個月，期間會流失百分之十五到三十的重量，大部分是水分，牛肉的風味因此變得更加濃醇。乾式熟成的牛肉被視為是頂級的產品，很少出現在超市中販售。

溼式熟成是利用真空包裝技術，將牛肉原汁原味封存起來，只需五到七天。風味不如乾式熟成般濃郁，但也較便宜。通常包裝上沒有特別標示的牛肉，都是溼式熟成。

26

	最低品質 ⟷ 最高品質			
等級：	Standard（標準級） Commercial（商業級） Utility（實用級） Cutter（切割級） Canner（製罐級）	USDA Select （USDA 上選）	USDA Choice （USDA 特選）	USDA Prime （USDA 特級） USDA PRIME
油花：	無	3～4%	4～7%	8～11%
說明：	適合作成牛絞肉、牛肉派、牛肉乾和罐頭牛肉	約佔所有評級牛肉的三分之一，在零售商很受歡迎，通常是牛排館裡等級最低的選擇	佔評級牛肉的五成以上	只有 2% 的牛肉可以獲得這個評級，幾乎很少出現在超市中，通常是賣給餐廳

USDA 評比

Prime doesn't necessarily mean "best."

Prime不一定代表最高級。

有些牛肉會被形容為「Prime」，但只有獲得「USDA Prime」的牛肉才是真正符合業界最高標準的牛肉。USDA 的檢驗分成安全衛生和品質兩種。安全衛生的檢驗是強制性的，經費由政府支出。品質的檢驗則是由廠商提出申請並自費。品質的分級是根據油花（脂肪紋路分布範圍愈廣則愈嫩愈多汁，風味愈好）、色澤和年齡（十八到二十四個月的牛隻是最高等級）。

品質愈高的牛肉愈適合乾式烹調，品質較低的則較適合溼式烹調。

27

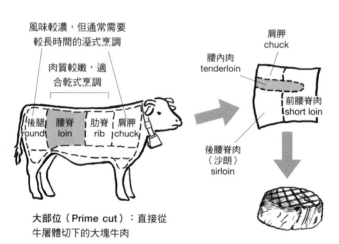

風味較濃，但通常需要
較長時間的溼式烹調

肉質較嫩，適
合乾式烹調

後腿　腰脊　肋脊　肩胛
round　loin　rib　chuck

大部位（Prime cut）：直接從
牛屠體切下的大塊牛肉

腰內肉
tenderloin

肩胛
chuck

前腰脊肉
short loin

後腰脊肉
（沙朗）
sirloin

小部位（Subprime
cut）：大部位中的
一部分。

牛排（Fabrication）：
從小部位切下的肉排，
例如從腰內肉切出的腓
力牛排。

The tender parts are in the middle.

中間的部位比較嫩。

英文有一個簡單的方法來幫助你記得牛肉的部位：round（後腿）來自 rump（臀部），chuck（肩胛）來自 shoulder（肩），中間的部分是 loin（腰脊）和 rib（肋脊）。

肩胛（chuck）：重量約佔牛屠體 28%，風味良好，但是有很多肉筋，適合溼式或混合式烹調，是餐廳中不常使用的部位。小牛和羊稱為肩（shoulder），豬肉則稱為肩胛肉（butt）。

肋脊（rib）：重量約佔牛屠體的 10%，油花多，肉質嫩，適合乾式或混合式烹調。小牛、羊和豬稱為肋排肉（rack）。

腰脊（loin）：前腰脊肉（short loin）和後腰脊肉（sirloin）加起來佔牛屠體的 15%，肉質很嫩，大部分最受歡迎、最貴的部位都來自腰脊，非常適合燒烤。

後腿（round）：佔牛屠體 24% 的重量，風味絕佳，肉筋適中，最適合烤／燉。小牛、羊和豬稱為腿（leg）。

28

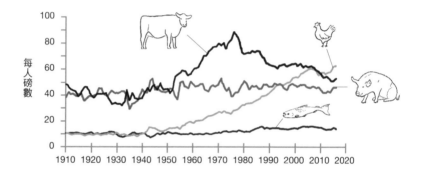

美國人均可得的肉類和魚類，1910–2016
資料來源：USDA

Four ways to tenderize

四種增加嫩度的方法

機械式：料理前先用槌子槌打。

醃製：用酸性液體（優酪乳、檸檬汁或萊姆汁、蕃茄汁、醋或優格）浸泡三十分鐘到兩小時。或醃在含分解酵素的水果泥，像是奇異果、木瓜、鳳梨或水梨。肉的邊緣若開始變白或看起來像煮熟的樣子，就是醃太久了，肉質會變得太爛。避免在室溫下進行醃製，另外，食材不應在烹調後才醃。

鹽醃／滷水：在肉的表面整個抹上粗鹽，放入冰箱一至四小時。鹽在一開始會讓食材出水，然後蛋白質會吸收鹽分，肉質變嫩、風味變濃。烹調之前先將鹽沖淨，並將肉徹底拍乾。滷水的作法類似，每 3.8 公升的水加半杯的鹽。

小火慢燉：大塊的肉像是胸肉、肩胛肉或肩肉，用慢煮鍋、燉鍋或烤箱，在液體中小火慢煮一段時間。

如果煮好的肉仍很硬，可以先切塊或切片再上桌，沿著肉的紋理會比較好切。

29

1. 指尖碰觸同一隻手的拇指。
   大概來說：
   兩分熟：手完全放鬆（其他手指不要碰觸拇指）
   三分熟：食指碰觸拇指
   五分熟：食指和中指碰觸拇指
   七分熟：食指、中指和無名指碰觸拇指
   全熟：四根手指碰觸拇指

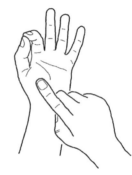

2. 用另一隻手感覺虎口上的肉，那個地方的硬度大約就是牛肉的兩分熟到全熟。

利用手來感覺牛肉的熟度

辨別肉的熟度

好的廚師可以從視覺和直覺來判別肉的熟度，不能試吃或將肉切開時只能靠這種能力，要培養這種能力只能透過不斷地嘗試。對牛排而言，裡頭的熟度如下：

兩分熟（Rare）：非常鮮紅，冷或微溫

三分熟（Medium rare）：紅色，溫的

五分熟（Medium）：粉紅色，溫熱

七分熟（Medium well）：棕色帶粉紅，熱的

全熟（Well done）：棕色，整個是熱的

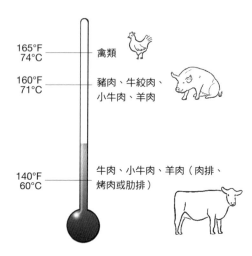

165°F
74°C ── 禽類

160°F
71°C ── 豬肉、牛絞肉、
小牛肉、羊肉

140°F
60°C ── 牛肉、小牛肉、羊肉（肉排、
烤肉或肋排）

肉類最低可安全食用的內部溫度

Food keeps cooking after you stop cooking.

關火後，食物仍繼續烹煮中。

食物離開熱源之後，表面的溫度會傳導到廚房的空氣中，有些食物的熱比較能夠傳導到內部，於是，食物的內部溫度可能會繼續上升，特別是較厚的肉類，這段時間肉類仍在繼續烹煮。

因此，肉類在內部溫度達到最低可安全食用溫度的前 5°F／3°C 時，便能離開熱源，讓它繼續烹煮。較小塊的肉可以放置約五到十分鐘，較大塊的肉則可以到二十分鐘。

31

預煮
用滾水加鹽預煮，在色澤變鮮艷但還沒全熟前就取出食材。

快速降溫
將食材放入冰水中，快速降溫。

瀝乾
瀝乾後備用，或做成冷盤。

快速重新加熱
上桌前快速重新加熱，煮、炒或烤。

備料

完成烹調

Start cooking before you start cooking.

正式烹調前的烹煮。

在用餐時段，廚房可能只有十五分鐘準備前菜或主菜，這對大部分的食材來說都是相當短的時間。預煮（par cooking）是在事前先將食材烹調到接近完成的程度，快速降溫後儲存備用，接到點單後再完成烹調。不只省時，還有很多好處：

彈性完成烹調。 一早可以先將一種食材，例如雞胸，先大量煮好或蒸好，稍後再烤或炒成不同的菜。

運用不同的烹調方法做出完美的菜。 例如薯條，可以先煮過達到鬆軟的效果，稍後再來油炸便會外酥內軟。

可避免一般剩菜重新加熱時，常常煮太老的問題。 將食物預煮好存放起來，隔餐重新加熱時不會煮老，因為它不像一般剩菜是完全煮熟過的食物。

減輕承辦外燴的負擔。 在廚房設施有限的情況下，預煮很好用。

32

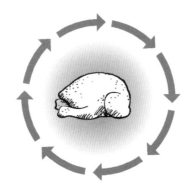

Why convection ovens are faster

為什麼熱對流烤箱比較快

食材在烤箱中會吸收熱,因此食材周圍的空氣會變冷,在傳統烤箱中,這層冷空氣只能逐漸地被較熱的空氣取代。

熱對流烤箱中的空氣則會快速循環,不斷以所需溫度的空氣取代食材周圍的冷空氣,因此所需的時間較短,大部分的烹調溫度都較傳統烤箱低 25–50°F／14–28°C。

烤箱門旁邊的溫度通常都比較低,熱對流烤箱由於空氣不斷循環,因此不會有這個問題。

33

幾乎沒有脂肪的魚類 <2 克	低脂的魚類 2～5 克	中脂的魚類 5～10 克	高脂的魚類 ≧10 克

⟵ 通常色澤較淡、肉質呈片狀、味道較淡　　　　通常色澤較深、肉質緊實、味道較濃 ⟶

| 貝類、鱈魚、蟹類、黑線鱈、龍蝦、鬼頭刀、干貝、蝦、鮪魚、龍利魚 | 比目魚、淡菜、鱸魚、牡蠣、吳郭魚、粉紅鮭 | 鮭魚、鯰魚、虹鱒、旗魚 | 鯡魚、鯖魚、沙丁魚、大西洋鱈、銀鮭、紅鮭、帝王鮭 |

特定魚種每三盎司的含脂量
（同種類的魚，人工飼養的含脂量可能更高）

Fresh fish smells like the water it came from. Old fish smells like fish.

新鮮的魚聞起來就像它所生長的水域， 不新鮮的魚聞起來就是魚腥味。

新鮮的魚看起來乾淨，散發出一種甘甜、像水一般的清新氣息，魚身飽滿、沒有缺口或傷痕，魚鰭是柔軟的。選魚的時候：

· 用手指滑過魚鱗，如果很容易剝落，便不新鮮。
· 輕輕按壓魚肉，應該是有彈性的。
· 魚的眼睛要清澈、明亮，不能是凹陷在眼窩中。
· 魚鰓應該是粉紅色或鮮紅色，而不是深紅色或灰白的。
· 檢查魚腹是否鼓脹，表皮是否出現深紅色的血漬，這代表魚體內的細菌已滋生了一段時間。

34

甲殼類
半透明外骨骼，身體分成兩部分
——頭胸部和腹節肢，包括藤壺、
螃蟹、小龍蝦（crayfish）、龍
蝦、蝦

軟體動物
通常連著鈣質的殼，身體沒有分部
位，藉由發達肌肉足或觸手來移動，
包括蛤蜊、扇貝、烏賊、智利鮑魚、
淡菜、章魚和魷魚（無殼）、牡蠣、
玉黍螺、干貝、蝸牛

甲殼類與軟體動物

Frozen shrimp are the freshest shrimp.

冷凍蝦是最新鮮的蝦。

市面上賣的「鮮」蝦幾乎都是在海上捕獲後便直接冷凍，根據盲測，大部分的消費者都比較喜歡冷凍海鮮，而不是新鮮的。美國國家魚類及野生動物基金會（National Fish and Wildlife Foundation）進行了一項大規模的研究，使用新鮮和冷凍海鮮做出一模一樣的兩道菜，讓消費者進行盲測選出較喜歡的，消費者在各項指標中，都給予冷凍魚等於或高於新鮮魚的分數。科學檢驗證實，冷凍魚的細胞遠比新鮮魚健康。

35

4.7 到 5.7 公升的冷水
不加鹽

2.2 公斤大骨
烤過（褐色高湯）或
沒烤過（白色高湯）

半公斤蔬菜
1/2 洋蔥、1/4 芹菜、
1/4 紅蘿蔔（褐色高湯）或
1/4 大蔥或 1 防風草根
（白色高湯）

調味
月桂葉、胡椒粒、
大蒜、巴西里

高湯材料

Don't boil or salt stock.

高湯不要大火煮沸或加鹽。

當你買了一整隻的魚、雞或一大塊的肉時，要好好計劃一下如何物盡其用，製作高湯是最基本的，無論是做醬汁、煮湯、燉煮、肉汁、糖漬都用得上。**白色高湯**是用沒有烤過的骨頭和蔬菜製作，**褐色高湯**則是用烤過的骨頭和蔬菜來增加風味。

蔬菜或魚高湯約煮四十五分鐘到一小時，雞鴨類約四到八小時，牛骨高湯約八到四十八小時，不要加鹽，以免高湯收乾後太鹹。另外，不要大火煮沸，以免破壞材料，導致高湯變濁，請維持小火並不斷撈起浮上水面的雜質。

36

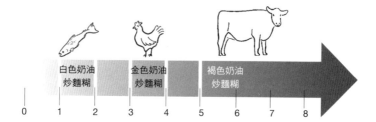

白色奶油炒麵糊

金色奶油炒麵糊

褐色奶油炒麵糊

0　1　2　3　4　5　6　7　8

烹調奶油炒麵糊（roux）的時間（分鐘）

如何讓高湯、湯和醬汁變濃稠

收乾：拿開鍋蓋，小火慢煮到想要的濃度，是最能保持食物原始風味又能加強風味的方式。

奶油炒麵糊：在醬料鍋中加熱奶油或其他種類的脂肪，慢慢加入同等分量的麵粉，並不斷翻攪成糊狀。加熱愈久，顏色便愈深，味道也愈濃，但會愈不稠。

勾芡：冷水或高湯加入粉類拌勻，再慢慢加入醬汁中。玉米粉或太白粉很適合奶類的醬汁，但不適合酸性 （像是蕃茄） 醬汁，無麩質，適合較清澈透明的料理。葛根和葛鬱金容易結塊，適合酸性醬汁。麵粉則是萬用的，會讓清高湯或醬汁變成半透明。

蛋黃：適合甜點醬汁及鹹的奶醬，需要精準地掌握溫度，緩緩將溫熱的醬汁加入蛋黃中，小心不要讓蛋變熟了。

吉利丁：鹹甜都適合，無味且透明，冷了之後會變得更稠，要小心使用不要影響到食材原本的口感。

37

馬利–安東尼・卡漢姆
（Marie-Antoine Carême, 1784–1833）

The five mother sauces

五種基本母醬汁

馬利–安東尼・卡漢姆，古典法國料理始祖，列出四種大量製作的醬汁，後來奧古斯都・艾考菲耶（Auguste Escoffier）據此創造出當今廚房通用的五種母醬汁，然後又再衍生出其他子醬汁，像是加辣、香草或葡萄酒。

貝夏媚醬（Béchamel，奶醬）：由牛奶和白色奶油炒麵糊（white roux）打底，適合義大利麵、魚和雞。子醬有白乳酪醬（Mornay）、海鮮醬（Nantua）、蘇比斯洋蔥醬（Soubise）和芥末醬。

法式絲絨（Veloute，白醬）：由白色高湯和金色奶油炒麵糊（blond roux）打底，適合魚和雞的主菜，子醬有波列斯醬（Poulette）、奧羅拉醬（Aurora）、咖哩醬、蘑菇醬和阿布菲拉醬（Albufera）。

西班牙（Espagnole，褐醬）：由褐色高湯和褐色奶油炒麵糊（brown roux）打底，適合肉類，子醬有波爾多醬（Bordelaise）、羅勃特醬（Robert）、獵人醬（Chasseur）和馬德拉醬（Madeira）。

蕃茄醬汁：蕃茄為底，適合義大利麵、家禽、肉類，可加入肋骨或肉類增加風味，子醬有波隆納肉醬（Bolognese）、克里奧爾醬（Creole）和葡萄牙醬（Portuguese）。

荷蘭醬（Hollandaise，奶油醬）：由清奶油、蛋黃和檸檬汁所製成，適合蛋和蔬菜，子醬有馬爾他醬（Maltaise）、慕絲淋蛋黃醬（Mousseline）、榛果醬（Noisette）和吉爾特醬（Girondine）。

38

奶油萵苣
Butterhead
葉嫩甜，較貴，用於沙
拉、三明治、生菜捲或
鋪在食材底部

羽衣甘藍
Kale
健康但質地較粗，生
食通常會切成很小塊

芝麻葉
Arugula
保鮮期長，味道較重，通常搭
配較強烈的沙拉醬或藍起司

菠菜
Spinach
深色的葉子適合拿來點
綴其他淺色的蔬菜，或
直接做成菠菜沙拉

蘿蔓心
Romaine or Cos
保鮮期長，常用於
凱薩沙拉，易有大
腸桿菌

西生菜／結球萵苣
Iceberg or Crisphead
較便宜，口感清脆美味，
易撕，可搭配其他生菜視
覺上比較美觀

葉萵苣
Leaf
有紅色和綠色很多種類，
有漂亮的荷葉邊，沙拉和
三明治的基本款

常見生菜

Rip, don't cut, salad greens.

生菜用手撕，不用刀切。

大部分的生菜都是手撕比刀切好吃，手撕可沿著葉脈將葉片撕開，刀切則會破壞葉脈，造成傷口而變成褐色。

39

零失誤巴薩米克醋
balsamic vinaigrette
一份醋
三到四份油
四分之一份乳化劑

Emulsifiers

乳化

乳化（emulsification）是讓兩種不能融合的液體混合後變成另一種液體。像是沙拉淋醬中的油與醋，在一段時間後仍有可能會分離。要解決這個問題，可加入乳化劑（emulsifier），像是蛋黃、美乃滋、優格、磨碎的堅果、芥末或果泥，這些材料的分子同時具有親水及親油性。

40

食鹽
· 精製而成的鹽
· 添加物可能會帶來金屬味
· 顆粒極細，適合需要精密度量的烘量

猶太鹽
· 與猶太教並無相關，而是用來醃漬肉類
· 沒有添加物
· 顆粒大小不一
· 質地較粗，便於用手指捏取，灑在食材上

海鹽
· 從海水蒸發而來
· 風味最強烈
· 價格較高
· 各種粗細的顆粒都有
· 有灰色、粉紅色、棕色，黑色

岩鹽
· 未經過精製的大顆粒結晶
· 色調呈灰色
· 非食用鹽，經常作為牡蠣和蚌類盤飾的底

廚房常見的鹽

什麼時候可以或不可以加鹽

用鹽來醃肉，要在煮之前一到四小時。

汆燙時，在預煮階段就先加鹽，而不是等到完成料理時的重新加熱階段才加。

在烹煮的過程中就加鹽，不要等到最後，因為鹽有助於提味，一開始便加鹽，讓你有機會調整味道。

如果是使用鋁鍋或鑄鐵鍋煮水，在水滾後、放入食材前加鹽，以免在鍋子上留下疤痕。

油炸時不要馬上加鹽，因為鹽會在油炸時消失，不會依附在食物表面。

製作高湯時不需加鹽，湯汁收乾後會變得太鹹，做醬汁時加鹽也要小心，避免在裝盤前收乾變得太鹹。

烘焙時不要減少鹽的分量，因為鹽不僅是調味，也會讓糕點發得比較好。

41

1. 取一只較深的醬汁鍋,以中火溶化奶油。將奶油中的水分蒸發後,乳固形物會沉澱在鍋底。

2. 過濾掉乳固形物,濾出清澈的部分。一磅的奶油可製作出十二盎斯的澄清奶油。

澄清奶油
Clarified butter

Unsalted butter in the kitchen, salted butter in the dining room.

廚房用無鹽奶油，餐桌上用有鹽奶油。

烹調或烘焙用無鹽奶油。一條有鹽奶油中，1/3 茶匙左右的鹽和額外的水分會影響到食譜原本的設計。但有鹽奶油可保存較久，大約十二週，無鹽奶油則是八週。

用澄清奶油更濃郁。奶油大約有 80% 是脂肪，去除掉水分和乳固形物的無鹽奶油成為 100% 脂肪後，風味更濃，保存期限更長，冒煙點 100°F／56°C 更高。在中東和印度的料理中，澄清奶油稱為 sman 和 ghee，淺棕色，帶有深沉的堅果味。

醬汁加奶油。利用 monter au beurre（法文的「加奶油」）技巧，煮醬汁關火前，輕柔地拌入幾塊冰無鹽奶油，融化時，脂滴會將醬汁中的液體乳化，製造絲絨般的口感與飽滿的光澤。

42

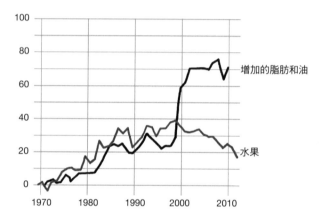

美國成人每日攝取卡路里的變化百分比
資料來源：USDA 美國農業部

Fat and cholesterol aren't the enemy.

脂肪和膽固醇不是敵人。

近幾十年來，肥胖、第二型糖尿病和其他飲食相關健康問題的增加，通常都會歸咎給食物中的脂肪和膽固醇，像是紅肉、蛋和奶油。但是，研究指出，天然的高脂食物不一定會讓人變胖；事實上，高脂飲食的人吃下的卡路里，通常較低脂飲食的人少。減重的決定因素通常在於蛋白質：吃較多蛋白質自然會減少總體卡路里的攝取。

食物中的膽固醇也不必然是有害的，例如，蛋的膽固醇並不會導致健康的人血液中的膽固醇上升。

現在研究人員普遍認為飲食相關的健康問題，主要是來自食用太多加工食品，當中有大量的防腐劑、人工調味、反式脂肪、糖和玉米糖漿。標榜「低脂」的食物往往含有更多的添加劑，來彌補原本的風味。

43

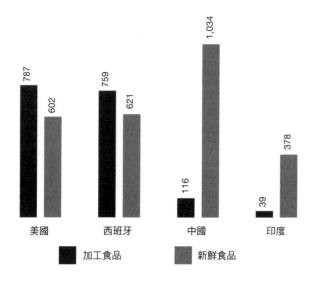

每年每人平均攝取的新鮮和加工食品磅數
資料來源：歐睿國際（Euromonitor International）和
美國農業部經濟研究處（USDA Economic Research Service）

"Every time you eat or drink you are either feeding the disease or fighting it."

——HEATHER MORGAN

「每次飲食都是在培養或對抗疾病。」

——海瑟·摩根 *

＊編註：海瑟·摩根，美國營養學家，曾為許多名人、電影團隊、百老匯劇組擔任營養顧問，Podcast 節目《聽身體的話》（*Body Talk Radio*）主持人。

44

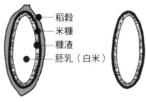

稻穀
米糠
糠渣
胚乳（白米）

稻米 （未處理）	糙米 （去除稻穀）	白米 （去除米糠）	營養強化白米

	營養成分百分比	與糙米相比大概所含的營養成分	
硫胺素（維生素 B1）	100%	13%	106%
鎂	100%	22%	22%
菸鹼酸（維生素 B3）	100%	25%	65%
維生素 B6	100%	34%	34%
葉酸	100%	35%	1,683%
纖維	100%	36%	36%
鉀	100%	46%	46%
核黃素（維生素 B2）	100%	52%	52%
鐵	100%	62%	334%
蛋白質	100%	95%	95%

Rice: shorter = stickier

米：愈短愈黏

米是草生植物的種子。糙米是去除稻穀後的米，所有的米都從這裡開始，帶有堅果的溫暖香氣。白米的種類分成：

長粒米（再來米，Indica）：煮過後口感較硬、較鬆、粒粒分明，適合做中東燉飯（pilaf）、炒飯和白飯，但不適合義式燉飯。包括下列品種：
· 印度香米（Basmati）：香氣非常重，生長在喜馬拉亞山下，常見於印度和中東料理。
· 卡羅萊納米（Carolina）或南方米（Southern）：沒有香氣，在美國最常見的米。
· 泰國香米（Jasmine）：有香氣，用於中東燉飯和亞洲料理的炒飯。

中粒和短粒米（蓬萊米，Japonica）：較黏、較軟，適合義式燉飯、壽司和西班牙海鮮飯。可分成：
· 義大利米（Arborio）：圓形的中粒米，有淡淡的香氣，主要用於義式燉飯。
· 美國米（Calrose）：粗短的圓米，在美國通常用來做壽司。

野生米（wild rice）：雖然跟米一樣也是草本植物的種子，但技術上來說並不屬於米的一種，多為深褐色或黑色，帶有土壤的香氣和風味，烹煮的時間大約是一般米的三倍。

高澱粉
水分低／鬆

褐皮 Russet
愛達荷 Idaho
白肉 Goldrush
白皮長圓 California Long White

最適合烘焙、烤、搗泥、炸、
做濃湯

黃金育空 Yukon Gold
黃色 Yellow Finn
紫色 Peruvian Blue
高級 Superior
克尼伯 Kennebec

都適合

新生 New
紅皮 Red Bliss
白圓 Round White
黃色 Yellow

最適合做馬鈴薯沙拉、湯、燉

低澱粉
水分高／黏

Potatoes: more starch = fluffier; less starch = better shape

馬鈴薯：澱粉愈多愈鬆，愈少愈黏

如果你是要燉馬鈴薯、做馬鈴薯沙拉或焗馬鈴薯，會希望馬鈴薯不要碎掉，這時要選擇**低澱粉**的馬鈴薯，因為含有較多的水分，所以在烹調的過程中不會吸收太多水分而解體。低澱粉的馬鈴薯通常比較小、比較圓，皮薄光滑。

如果你是要烤、炸或搗泥，會希望口感鬆軟，可以使用**高澱粉**的馬鈴薯。這種馬鈴薯不適合溼式烹調，因為會吸收大量的水分而碎掉無法維持形狀，也因此適合做濃湯。

適合各種用途的馬鈴薯澱粉量適中，適用各種料理，也沒有特別適合的料理。**新生**馬鈴薯泛指各種新生或剛採收的馬鈴薯，糖分還沒有完全轉化成澱粉，通常比較接近黏的馬鈴薯。

46

		牛	山羊	綿羊	水牛
嫩	茅屋 Cottage	P	-	-	-
	瑞可塔 Ricotta	P	P	P	P
	布里 Brie	P	-	-	-
	康門貝爾 Camembert	P	-	-	-
	梵堤那 Fontina	P	-	-	-
	莫扎瑞拉 Mozzarella	s	s	s	P
	波特莎露 Port-Salut	P	-	-	-
	巧達 Cheddar	P	-	-	-
	瑞士 Swiss	P	-	-	-
	帕馬森 Parmesan	P	-	-	-
硬	佩科里諾羅馬諾 Pecorino Romano	-	-	P	-

P = 主要來源　　　　　　　　　　S = 次要來源

Cheese: the younger, the softer; the softer, the meltier.

乳酪：愈新鮮愈軟，愈軟愈易融化。

乳酪是在牛乳中加入酸或凝乳酵素（來自某些哺乳動物的胃酸），讓牛乳凝結。大部分乳酪都會經過幾週到一年的熟成，新鮮或未發酵的乳酪，像是茅屋（cottage）和奶油（cream）乳酪，是未經熟成的乳酪。乳酪熟成的時間愈久，質地愈乾愈硬，風味愈強，也較不易融化。最硬的乳酪，像是羅馬諾和帕馬森，都只在削成薄屑後才會融化。乳酪的特性也會受乳源的影響：

牛：乳酪產量最多。含大量脂肪球，造成有些人消化不良。

山羊：產量少。風味強烈，酸性也較牛乳高。分子結構接近人乳，因此易消化。

綿羊：蛋白質是牛和山羊的兩倍，高脂肪含量是絕佳的乳酪原料，風味沒有山羊來得強。

水牛：產量與山羊接近，風味較甜。

延展性高
（較適合麵包）

**蛋白質
含量**

**四種麵粉
類別**

12–16%　　**麵包和高麩質麵粉**：來自硬麥。適用於麵包、披薩餅皮、貝果、
　　　　　　其他有嚼勁的產品，烘烤會產生很好的褐變反應。

10–12%　　**全麥麵粉**：使用整粒小麥，纖維及營養成分最高。吸收／需要更
　　　　　　多的水分，非常易腐壞。

9–12%　　　**中筋（AP）麵粉**：混合硬麥和軟麥，不含麩質及胚芽。

8–11%　　　**自發麵粉**：中筋麵粉加鹽和泡打粉，不適用於酵母麵包。

8–10%　　　**糕點麵粉**：從軟麥精製而來，適合用來製作酥皮類糕點的派皮。
　　　　　　自己DIY：1/3 中筋麵粉 + 2/3 低筋麵粉。

5–8%　　　　**低筋麵粉**：精磨的麵粉，粉粒非常細，也適合製作比司吉、馬芬
　　　　　　和司康。

延展性低
（較適合蛋糕）

Bread needs chewy flour; cake needs crumby flour.

麵包需要有嚼勁的麵粉， 蛋糕需要細緻的麵粉。

麵粉中的蛋白質含量決定了麩質的多寡及筋度。硬質紅色冬麥（堪薩斯小麥）做成的麵粉，蛋白質及麩質含量高，軟質紅色冬麥的麵粉則麩質較低。麵包與披薩的麵團需要大量延展性佳的麩質來困住酵母所產生的氣體，讓麵包有嚼勁及膨脹。蛋糕則是需要麩質含量較低的麵粉，做出更細緻、更鬆軟、容易入口的質地。

義大利杜蘭麵粉（Semolina）是一個例外，蛋白質含量高，但麩質較不具延展性，因此最適合做義大利麵和北非小米（couscous）。

48

1杯
中筋麵粉

4.87盎司 ±
138克 ±

1杯
中筋麵粉，
先量後篩

4.87盎司 ±
138克 ±

1杯
中筋麵粉，
先篩後量

4.48盎司 ±
127克 ±

麵粉先量後篩（flour sifted）≠麵粉先篩後量（sifted flour）

Weighing provides the most accurate measure.

秤重是最精確的方法。

烘焙時，些微的差異都可能導致大失敗，不同種類的麵粉每杯的重量可能會差到 1 盎司；用錯麵粉、或對的麵粉但量太多，成品都可能會太硬太乾，麵粉太少則會無法成形。

測量麵粉時不要將杯子直接放進麵粉袋裡，這樣會壓縮麵粉，結果可能會多拿 20% 左右的量。最好是拿一根小湯匙，輕輕地一匙匙舀進量杯裡，滿了之後，用刀子抹平。但是，這種方法仍可能有落差，最準確的方法就是秤重。

蛋的測量也很有挑戰性。USDA 美國農業部是以一打蛋的重量來決定蛋的大小，而不是單顆秤重。一打大的蛋（大部分食譜通常要求的）重量是 24 盎司，但是每顆蛋的大小差很多。打蛋之前，先確認每顆平均重量是 2 盎司。

49

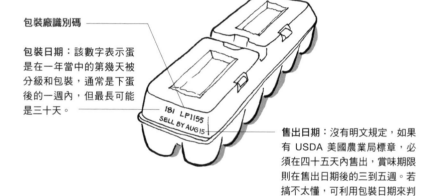

包裝廠識別碼

包裝日期：該數字表示蛋是在一年當中的第幾天被分級和包裝，通常是下蛋後的一週內，但最長可能是三十天。

售出日期：沒有明文規定，如果有 USDA 美國農業局標章，必須在四十五天內售出，賞味期限則在售出日期後的三到五週。若搞不太懂，可利用包裝日期來判斷新鮮程度。

蛋的日期

蛋愈新鮮，風味愈佳，蛋黃的顏色愈鮮艷，蛋白愈不會散開。

在美味的料理中，蛋的質地和風味經常扮演重要的角色，在烘焙上，蛋的結構更是結合其他材料的關鍵，新鮮的蛋能讓烘焙的食物更加膨鬆，也能抵禦潛在的有害細菌，確保像香草醬、奶油和慕司這類無法高溫加熱殺菌的甜點，不會出問題。

動物的飲食也會影響食物的風味和品質，野放的雞蛋相較於穀物飼養的雞蛋，在顏色上比較鮮艷，風味也比較濃。

50

甜　　酸　　鹹　　苦

噢媽咪
（Oohmommy）＊

＊譯註：Oohmommy 為日文「Umami」（旨み）的諧音，Umami 即「鮮味」之意，與甜、酸、鹹、苦共同組成五種基本味覺。母乳中也含有形成這種風味的成分。

味道的定義

香氣：食物帶給人從鼻子到腦部的感官體驗，常見的描述有青草味／清新（綠胡椒）、水果味（香蕉、蘋果）、奶香（乳酪）、木質香／煙燻（肉桂、培根）。

風味：來自食物原始的特徵，結合味覺、觸覺和嗅覺多種感官的體驗。

風味描述：品嚐食物時體驗到的各種特色及風味，例如強烈、突出、複雜、明亮、豐富、不同層次風味的出現順序、後味（aftertaste）以及整體的印象。

口感：食物在口中帶來的實際感受，與味道是分開的，雖然口感也是會受到味道影響。包括質地、嚼勁、感覺（清爽、滑順）、濃郁、粗糙、溼潤、口覆感、一致性。

感官分析：辨識、分辨及評比繁複和細微的風味、香氣和質地的能力。

味道：個人對於風味的體驗，從舌頭上的味蕾傳送到腦部的感受。

味道類別：甜味、酸味、鹹味、苦味、鮮味（Umami），Umami 是日文的「肉味」或「美味開胃」。

51

1. 在黏有肉屑「鍋巴」的平底鍋中加入少量的高湯、水或酒。

2. 以木匙輕輕刮起鍋巴。

3. 加熱收乾湯汁到想要的濃稠度,即成為風味濃郁的醬汁。

清理鍋巴

Focus the flavor.

風味至上。

對比：利用甜的、冰的或醬汁濃郁的食物，來襯托辣的食物，像是芒果莎莎醬搭配辣味烤雞，或是冰的酸乳酪醬搭配辣味燉牛肉。試試用酥脆的食物搭配濃稠的食物、辛辣搭配煙燻、酸味搭配油膩，以作對比。

深化：收乾高湯或醬汁，讓風味變得更重，或利用煎炒後鍋中留下的焦化屑屑，來製作風味濃郁的醬汁。

強化：芝麻或松子這類食材在加到主菜上桌前，可以先烘烤提升風味。新鮮的香料像是小茴香，在研磨前先烤過。

去酸：如果料理後的食物太酸了，加鹽可以分散舌頭的注意力，轉而尋找甜味。

控制：為了不讓味道較重的食物蓋過盤中其他的風味，例如義式燉飯中的海鮮，可先汆燙或分開烹調，最後再一起擺盤。

提味：酸會促進唾液的分泌，加強味覺的感受。如果食物太清淡，出菜前可以加一點醋或檸檬汁。

52

較不辣

新鮮時的名稱

小青椒（Pimiento or Tomato）

普布拉諾辣椒（Poblano）

奇拉卡辣椒（Chilaca）

紅心辣椒（Mirasol）

墨西哥辣椒（Jalapeño）

風乾後的名稱

紅辣椒（Paprika）

穆拉脫辣椒（Mulato，未成熟的）
安祖辣椒（Ancho，成熟的）

帕西拉辣椒（Pasilla）

瓜希柳辣椒（Guajillo）

煙燻小辣椒（Chipotle）

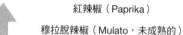

較辣

辣椒在乾燥後通常名稱會不同。

Drying intensifies flavor.

乾燥增添風味。

新鮮的香草含有 80% 或更多水分，乾燥後風味通常會更濃烈兩到三倍，只是風味會隨著時間而漸漸變淡。奧勒岡葉、鼠尾草、迷迭香和百里香乾燥後味道通常更強烈，適合需要久煮的菜。巴西里、蝦夷蔥和龍艾等較脆弱的香草乾燥後香味便會消失，最好是新鮮時使用，料理的最後才加入。

有些新鮮的辣椒乾燥後會變得更辣，雖然風味的不同才是重點。當食譜要求的是新鮮的辣椒，不要用乾燥辣椒來代替，除非你確定兩者是一樣的。

53

隔水加熱
Bain marie

Manage moisture.

控制溼度。

鍋中不要放太多食材。在一般情況下，水溫是無法超過 212°F／100°C 的，在烹調溼的食材或鍋中食材太多時，水分增加會導致烹調的溫度下降。瀝乾食材，而且讓食材在鍋中有空間可以讓水分適當地蒸發。

隔水加熱。烤乳酪蛋糕、卡士達醬、布丁等這種較鬆軟的蛋類製品時，在烤盤上加水。烤箱的溫度會有起伏，但是隔水加熱則可讓溫度維持在 100°C，讓受熱均勻，防止結塊。

為烤箱注入蒸氣。烤箱預熱時，在麵包烤盤下面放置另一個烤盤。將麵包放入烤箱之前，在下面的那個烤盤倒入一杯水，蒸氣會讓麵包中的糖分移動到表面，焦化後產生酥脆的外皮。

讓蔬菜流汗。為了不要讓水分含量高的蔬菜，像是洋蔥、紅蘿蔔和芹菜讓整盤菜變得水水的，可以先用一點油，小火稍微煎一下，不要到焦的程度，過程中會釋放出大部分的水分。

54

菜單的種類

固定菜單：長時間每天都提供顧客相同的選擇，最常見於速食店和連鎖餐廳；也會出現每日特餐，並依季節更換。

循環菜單：以一週為一個循環，每天更換菜單（週一菜單、週二菜單，依此類推），常見於公家機關（學校、醫院、監獄）等。

當季菜單：依據餐廳當時能夠購買到的食材而定，大多是新鮮、當季的食材。

產地菜單：只採用新鮮、當地（一百英哩以內）、產量豐富，而且通常是有機的食材，會根據可取得的食材，每天更換不同的菜色。

單點菜單：每個品項都分開訂價而且分開點。若是半單點的菜單，有些主菜會搭配沙拉或配菜。

固定價格菜單（Prix fixe）：以固定價格提供固定幾道菜，但每道菜有幾種不同的選項。有些餐廳星期一會提供平價的固定價格菜單，一方面吸引客人，一方面消耗剩餘食材。有些餐廳則是在忙碌的假日提供固定價格菜單，像是母親節，簡化廚房的工作。

55

☐ 菜名

☐ 總量多少，一份的分量
　 及共幾份

☐ 食材清單及個別的分量

☐ 特殊器具（如有需要）

☐ 特殊的準備工作（mise en place）

☐ 逐步的指示，包括準備的時間、
　 調理的時間和溫度

☐ 擺盤：盤子的選擇、每盤的分量、
　 配菜、擺放的位置、盤飾等

☐ 建議搭配的酒

☐ 剩下的食材保存及運用的方法

寫食譜的步驟
Recipe checklist

If it's too difficult to write the recipe, don't put it on the menu.

若食譜太難，不要輕易放上菜單。

寫一道新菜的食譜，包括食材、器具、方法、溫度、時間、分量、配菜、擺盤、上菜、建議搭配的酒，以及剩下的食材保存和運用。新菜可以放進菜單前，要先和供應商確認所有食材的品質和價格，以及充足的貨源，所謂對的食材就是在這三者中取得平衡。

確認廚師可以依照新的食譜執行無誤，而且品質必須一致，所有相關的工作人員都必須試過新菜，並提出意見。

貴

GRAMERCY TAVERN　　NO 9 PARK　　Spago　　Chez Panisse

RUTH'S CHRIS. STEAK HOUSE

BENIHANA

P.F. Chang's
中式小酒館

Applebee's

Johnny
Rocket's
速食店

Panera
麵包店

Chipotle
MEXICAN GRILL

當地餐廳

潛艇堡店　　快餐車　　墨西哥
捲餅攤

中餐外賣

便宜

熱狗攤

一般菜單　　　　　　異國菜單
　　　　　　　　　（外國料理、前衛料理）

Remember why guests walk through the door.

記得客人為何而來。

除了滿足食欲，客人對於餐廳還有更多的期望：舒適、名氣、價值、放鬆、美感、社交，或單純是找一個好地方看比賽。

要清楚客戶為何選擇你的餐廳，把客人最想要的擺在最前面。如果為的是物超所值，擺盤必須營造出豐盛感，並讓杯中的水和麵包籃保持滿的，不要等到客人要求。如果客人重視的是美感，擺盤便需更多著墨。若客人希望的是家庭氣氛，菜單上就要有種類繁多的兒童餐，員工也必須做好隨時得處理食物四處飛竄的準備。

外燴時同樣要以客戶為中心，確實了解場合、正式的程度、地點和客人的年齡層。當然，也要避免失控，務必專注在最重要的幾件事，想要面面俱到照顧到每個人是不可能的。

57

廚房的危機處理

新鮮蔬菜快沒了：冷凍青豆和罐裝玉米的品質基本上都是好的，可以用來取代當作配菜的新鮮蔬菜沒問題。

新鮮香草快沒了：在不會被注意到的情況下可用乾燥的版本取代，例如拿來做醬汁；新鮮的香草則留著當盤飾。

龍蝦在下鍋前死了：還是可以用的，只要肉質扎實而且聞起來是新鮮的，可以製作成龍蝦濃湯或龍蝦舒芙蕾，殼則可以熬湯。若是已經軟爛，丟掉。

荷蘭醬分離了：拿一個新鮮蛋黃，加進分離的醬重打。

酒沒了：如果是白酒，替代物：蘋果汁、白苦艾酒、雞湯、醋（米醋或蘋果醋）、白葡萄汁和稀釋的檸檬汁。如果是紅酒，替代物：巴薩米克醋、紅苦艾酒、牛肉高湯、紅葡萄汁、紅酒醋和蘋果醋。

58

Keep guests informed.

告知客人最新情況。

當客人感到自己的需求被理解與尊重時，通常會包容出錯，甚至可能會把這當成是有趣的用餐經驗。

對於錯誤和疏忽持開放的態度。如果是人手不足，讓顧客知道，並在他們等待的期間提供充足的水和麵包。如果有一道菜會比較晚出，立刻讓顧客知道。若顧客指出食物中的問題，承認錯誤；除非顧客感到不舒服，不然等到重新做好的食物上桌後，再把之前的收走，避免同行的人仍在用餐，而這位顧客的桌面是空的而感到尷尬。

Serve a just-enough portion.

分量剛剛好就好。

在精緻的餐廳中，分配主菜或甜點的分量時，可利用你「手」的大小（假設它是一般大小）作為粗略參照。手掌大概是蛋白質或主食的大小，配菜像是青豆或蘆筍，則是兩三根手指的大小。

分量太多可能會讓人覺得廉價、不夠精緻，剛剛好的分量代表的是用心及品質，而且讓顧客可以慢慢地享用。此外，剛剛好的分量讓顧客有空間可以享受開胃菜、甜點和菜單上其他菜。

60

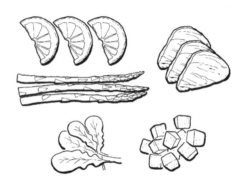

Be a geometer.

當個幾何學家。

食物來自於大自然，所以有些人可能會傾向隨性裝盤，呈現出「自然」的感覺，但是講究構圖的擺盤看起來一定比雜亂無章的食物可口。

呈現出形狀、大小和質地的對比。讓不同食材可以相互襯托出獨特性。例如炒菜，可以搭配紅蘿蔔絲、洋蔥丁、對切半圓的洋菇、不規則的青椒切片。

精確地切食材。切丁時第一個到第五十個都是一樣的。

想像食物在顧客叉子上或湯匙上的樣子。你想要顧客在吃沙拉時，一次叉到三種不同食材？每一匙有四種顏色？多少分量和大小的食材可以達到你想要的效果？

擺盤抓重點。如果有一道菜無可避免地很雜，找到一個重點，長條的綠色蔬菜，或是切得很整齊的長條形肉類，都可以讓視覺上比較整齊。

沙拉的擺盤可以鬆散，但不能雜亂無章。精巧地撒上麵包丁、小蕃茄、豆苗、碎乳酪，製造出層次與驚喜。

61

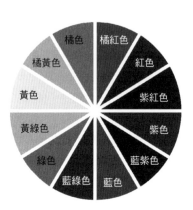

Nine more ways to make a plate look better

美化擺盤的九種方法

1. **運用留白**：將食物集中在盤中央、或以非對稱方式擺放，在食物周圍創造出大面留白，使人們目光更聚焦在食物上。
2. **製造出視覺深度**：小心地堆疊食物，製造出錯落的立體感，但要確保在上菜途中不會倒下來。
3. **鋪底**：將主要的食材放在鋪底的青菜、義大利麵或主食上。
4. **使用白色的盤子**：有顏色的盤子通常（並非總是）搶了食物的風采。即使是白色的盤子，仍可依據不同的食物來搭配不同材質，添上不同盤飾，例如有機的菜色搭配質樸的陶盤。
5. **使用不同形狀的盤子**：如果圓形的盤子顯得太平凡，試試方形、三角形或橢圓形，並刻意製造出留白。
6. **使用互補色**：結合色環兩端 180° 對角的顏色，可以平衡視覺。用明亮的綠色蔬菜，像是芹菜葉，搭配深棕色的盤子，可以製造出生氣。
7. **運用盤飾呈現對比**：但不要過度，盤飾仍必須是可以吃的。
8. **利用醬汁作畫**：用甜點的刷子畫一筆，用滴管滴出圓點，或用湯匙在盤中留白處畫一個圈。
9. **沿著盤緣撒上新鮮的香草或黑胡椒**：如果食物的顏色太深沉或單調。

餵食速限 55

五的力量

每道菜五種食材：你可以用更多食材，但如果做不出一道成功的料理，那可能就是太多了，通常是混雜太多味道。試試使用少一點食材，這樣你可以買比較好的食材，並減少浪費。用最好的食材做出簡單的食物基本上就是最好的食物。

每盤五種元素：重點、互補、配菜、對比、盤飾，一個盤子中超過五種元素會讓人眼花撩亂。

每種菜單五個選擇：在較好的餐廳，菜單上每個類別（前菜、主菜、義大利麵等）通常不會超過五種選擇，七種是上限，超過的話已有正式研究顯示會讓顧客沮喪且花太多時間選擇，也會模糊了餐廳強項，並讓人懷疑這麼多選擇如何做好品管。

63

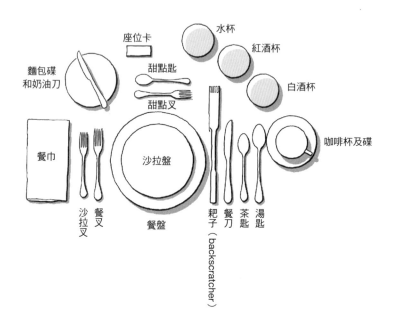

麵包碟和奶油刀

座位卡

水杯

紅酒杯

甜點匙

甜點叉

白酒杯

餐巾

沙拉盤

咖啡杯及碟

沙拉叉

餐叉

餐盤

耙子（backscratcher）

餐刀

茶匙

湯匙

傳統的正式餐桌擺設

Visual surprise heightens emotional response.

視覺的驚喜提高情緒的反應。

美國傳統的一餐包括蛋白質（肉或魚）、澱粉、蔬菜和配菜，現代飲食仍依循同樣的標準，讓人可以慢慢專心地享受食物，細細品味食物的氣味、味道和質地。傳統的澱粉通常是泥狀鋪在蛋白質下面，蔬菜則是散布在盤中作為盤飾。前菜都整齊地排列在長方型的盤子中，引導人有意識地進食。

驚喜會引起美感的情緒反應，但不能是沒有目的的。不會有人把三明治分開成沙拉和麵包來吃，這樣很可笑。同樣地，也不需要只是為了把食物疊高而疊高，讓吃的人還必須分解後才能吃。所以，記得要從「為什麼」開始：擺盤的藝術也需要配合情境、餐廳的主題或氣氛，或者是食物天然原始的樣子。

"People don't buy what you do, they buy why you do it."

——SIMON SINEK

「人們不會買你做了什麼；人們買你為何做它。」

——賽門・西奈克[*]

＊編註：賽門・西奈克（1973–），英國作家、演說家，代表著作《先問，為什麼？：顛覆慣性思考的黃金圈理論，啟動你的感召領導力》（*Start with Why: How Great Leaders Inspire Everyone to Take Action*），提出了著名「黃金圈法則」，其同名 TED 演講是 TED.com 史上受歡迎的影片之一。

65

餵飽大家

自助餐取餐空間最大化。用牆將自助餐取餐桌隔出,讓用餐區可以有開放的空間社交,這看似很合理的安排,其實會導致取餐動線塞車,甚至造成競爭。可能的話,讓顧客從各個方向都可以取餐,最好是在餐廳的中央,將冷食、熱食、飲料和甜點分在不同的區域,並預留足夠的取餐空間。

不貴的食物放在前面。擺設自助餐時,讓顧客先接觸到麵包和沙拉,然後再進入前菜和主菜。這不只是符合大部分人用餐的順序,也較不會讓顧客在盤中裝滿昂貴的食物,但結果都浪費了。

分散食物,鼓勵社交。在社交活動中,提供小點心或開胃菜,在大房間內擺設較小的取餐桌,每張桌子都是不同的食物,這樣可以讓人移動並增加互動。

幾樣熱的開胃菜可以幫整個房間加溫。外燴做冷食比較簡單,但一定要搭配一兩道熱食,每次熱食進場就像是大活動中的小插曲。

察顏觀色。社交活動可能會讓人焦慮或感到不知所措,來賓的臉部表情會無意識地表現出他們需要關心。

66

Stay vegetarian-ready.

隨時準備好服務素食顧客。

備料時分開處理葷食及素食的食材，以便服務素食的需求，並保留彈性，讓菜單上的一些料理可以做成素食的。冷凍蔬菜像是青豆、玉米、珍珠洋蔥和菠菜，都是可以的，玉米罐頭、朝鮮薊和荸薺也都很好用，搭配豆腐或米類都很適合。南瓜的保存期限長，可以存幾顆以備不時之需。

素食料理口味太清淡的話，可以藉鮮味很強的蔬菜來提味，像是香菇、熟透的蕃茄、菠菜和高級醬油。

猶太教食物

Kosher 意指符合猶太教膳食法令的食物。準備及食用的教規如下：

‧**肉類、禽類和魚類**：哺孔類動物只能食用有分蹄及會反芻的（牛、羊、鹿、羚羊、野牛）。有二十四種鳥是禁止的，可以食用的有雞、鴨、鵝和火雞。魚類必須有鰭，以及清晰可見並可輕易去除的鱗。貝類是禁止的。不能食用動物的血液，以及非猶太教規允許的動物相關產品，例如蛋。

‧**屠宰動物的方式**：需將其痛苦降到最低並立即死亡，屠體必須經過檢驗確認沒有病變，某些血管、神經和脂肪必須完全清除乾淨。

‧**肉類及乳製品**：不能用同樣的鍋具、碗盤或餐具，也不能同時食用。

‧**堅果、穀類、蔬果**：是允許的，但是可能含有蟲或殺蟲劑，或處理方式不符合猶太教規，所以這類食物的處理，以及麵包、油、葡萄酒和調味料，必須是在拉比（rabbi）監督下製作才被允許。

68

清真認證

Halal 意指「合法」，《可蘭經》允許穆斯林食用「清淨、有營養、令人愉悅」的
食物，並禁止下列食物：

· 不當宰殺的動物或已經死亡的動物（例如，不是屠宰來作為食物）
· 不是以阿拉真主之名宰殺的動物
· 肉食性動物、猛禽，以及沒有外耳的陸生動物
· 血液
· 豬
· 蒸餾（非發酵）的酒
· 已被野生動物吃過的肉
· 作為祭品的肉

印度飲食習慣

印度教相信身心靈三者的交互關係，而飲食對三者都有影響。

惰性（Tamasic）**食物**：被視為對身心無益，並會讓人產生憤怒、貪婪和其他負面情緒。這類食物包括肉類、洋蔥、酒精，以及腐壞、發酵、過熟或不潔的食物。

變性（Rajasic）**食物**：被認為是對身體有益，但是可能會引發心靈的躁動、起伏過大，包括過辣、香料過多、過鹹、過苦或過酸的食物，像是巧克力、咖啡、茶、蛋、胡椒、醃漬和加工食品。

悅性（Sattvic）**食物**：被認為有助於平衡身體、淨化和撫平心靈，是最佳的食物，包括穀類、堅果、水果、蔬菜、牛奶、澄清奶油和乳酪。

豬和被視為聖獸的牛都是禁止的。

70

"The opportunity here in the U.S. is so unique......"

——Marcus Samuelsson

「美國有著獨特的機會……基督教、猶太教、印度教、回教和佛教，各自擁有在精神層面上與食物的連結，我們可以從中互相學習。」

——馬庫斯・山繆爾森 *

＊編註：馬庫斯・山繆爾森（1971-），衣索比亞裔瑞典名廚，著有多本料理書，現為紐約哈林區「紅雞」（Red Rooster）餐廳主廚。

71

If you aren't comfortable on a farm, you won't be comfortable in a kitchen.

如果你在農場不自在，在廚房也必定不自在。

在廚房要能夠成功，不只要熟悉食物，還要熟悉食物的來源，也就是農田、農場和屠宰場。這些地方的氛圍跟充滿不銹鋼的廚房大不相同，人很不同，服裝儀容很不同，熟悉的食物看起來也很不同，很髒甚至很血腥。但是你必須經常到現場走動，了解他們生長的狀況。除非你只做素食料理，你必須接受動物的屠宰，同時對於牠們提供給我們的禮物表達最深的敬意。

72

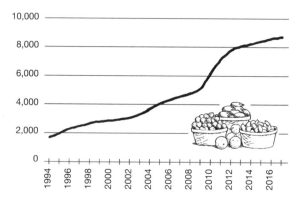

美國的農夫市集登記數，1994–2017
資料來源：美國農業部農產品行銷處 USDA Agricultural Marketing Service

如何在農夫市集購物

愈早到選擇愈多。愈晚到價格愈好。

逛第二圈再買。第一圈先確認品質和味道、問問題、記筆記、擬定菜單。

議價。客氣地詢問「如果我每種都買五磅，怎麼賣？」、「剩下的這些你可以怎麼賣？」

跟信譽良好的商家建立關係。經常光顧，看看能不能在農夫市集之外，直接跟他們購買。

73

香草	香料
來自植物的葉子及綠色部位	來自植物的非綠色部位（莖、皮、種子、根或球莖）
新鮮或乾燥都可使用	通常是乾燥的
通常生長於溫帶	通常生長於熱帶
可能具醫療美容的價值	可能具防腐、消炎或防霉的效用
例如：羅勒、奧勒岡葉、百里香、鼠尾草、洋香菜和薄荷	例如：肉桂、薑、辣椒、丁香、芥末子

Spices were once used as money.

香料曾被當作錢來使用。

香料在肥沃月灣（Fertile Crescent）和其他早期文明區域都曾被用作交易或以物易物。在羅馬帝國時代，勞工的酬勞通常是以 sal（鹽〔salt〕的意思，實際上是一種礦物）給付，因此薪水稱為 salary。當西哥德人攻擊羅馬時，便要求三千磅的辣椒作為贖金。

在十四世紀的歐洲，番紅花的仿冒品非常猖獗，因此頒布了番紅花法（Safranschou Code），仿冒者必須坐牢甚至被處決。現在番紅花的真品零售價可達每磅一千美元。

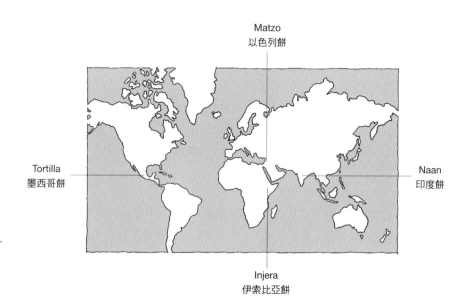

Matzo
以色列餅

Tortilla
墨西哥餅

Naan
印度餅

Injera
伊索比亞餅

現代的餅

Hunter-gatherers liked flatbreads.

原始人也愛烤餅。

最早的烤餅約出現在西元前一萬年，到了西元前三千年，埃及人開始製作利用酵母發酵的麵包。原始的烤餅是將野生的小麥（像是單粒小麥〔einkorn〕和二粒小麥〔emmer〕）和水混合後，在磚造或泥造的爐中高溫烤到約 480°F／249°C。現在的烤餅食譜仍差不多，使用麵粉／穀類加水和鹽。

阿拉比卡（Arabica）

豆子較大顆，呈橢圓形，中央線是曲線
較為嬌貴；樹較矮，方便採收，但較易
遭蟲害、病害，也容易受氣候影響

羅布斯塔（Robusta）

豆子較小顆，中央線是直線
較為粗勇；高咖啡因具保護作用，但生
長在惡劣的環境，味道比較粗礦

Goats discovered coffee.

山羊發現了咖啡。

據說咖啡是在九世紀時，一名埃及人看到他的山羊吃了咖啡的果實後，變得異常亢奮，人類於是開始飲用咖啡。

目前全世界產量最大的咖啡品種有兩種。**阿拉比卡**的香氣細緻，質感明亮，酸味怡人，佔全球產量的三分之二以上。**羅布斯塔**有強烈的可可風味，質感醇厚，酸度低，產量約佔全球四分之一。阿拉比卡被公認較優質，咖啡行家可能會認為羅布斯塔苦味重、不順口，但是，羅布斯塔很適合義式咖啡，咖啡因幾乎是阿拉比卡的兩倍，可為阿拉比卡增添「底蘊」，對於喜愛在咖啡中加入大量糖和奶精的人來說可是非常對味。

因為氣候變遷以及生長地的破壞，全球一百二十四種野生咖啡品種恐怕有 60% 會在六十年後絕種，包括阿拉比卡。

精選白葡萄酒

酒體較薄

酒體較厚

蜜思卡得 Muscadet	極干（Dry，指不甜），清脆，礦物味，酸
雷司令 Riesling	介於干到甜，酸度高
白蘇維濃 Sauvignon Blanc	干，酸度高，明亮，清脆
灰皮諾 Pinot Grigio, Pinot Gris Dry	酸度中等，奔放
維歐尼耶 Viognier	干但果味濃，酸度低
加州夏多內 California Chardonnay	半干，豐富，橡木味或奶油口感

精選紅葡萄酒

酒體較薄

酒體較厚

粉紅酒 Rosé	各產區不同
薄酒萊新酒 Beaujolais Nouveau	新酒，酒體輕盈
黑皮諾 Pinot Noir	酸度高，香氣重
里奧哈・田帕尼優 Rioja,Tempranillo	干，單寧中等
希哈 Syrah	胡椒味餘韻
梅洛 Merlot	干，入口果味強
卡本內蘇維濃 Cabernet Sauvignon	尾韻長，果味濃，單寧厚重

Reading a wine label

葡萄酒的酒標

葡萄品種（Varietal）：使用的葡萄品種，例如梅洛（Merlot）、灰皮諾（Pinot Grigio），若要在美國販售，單一品種至少必須使用 75% 以上才能標示在酒標上。如果是混釀酒或餐酒（table wine），則使用了多種品種的葡萄，不一定是酒標上的品種。餐酒通常是用餐時搭配比較出色，不適合單喝。

原產國（Country of Origin）：在美國，酒標上都必須標示原產國。舊世界（Old World）葡萄酒來自最古老的葡萄酒產地（歐洲、中東部分區域），葡萄樹歷史久遠，氣候大多較涼爽，風味通常較細緻、酒體輕盈、酒精濃度較低。新世界（New World）葡萄酒一般來自較溫暖的氣候，果味較強，較濃郁，酒體飽滿。

酒莊（Estate bottled）：若有標上酒莊，葡萄酒的種植、製造和裝瓶都必須在該酒莊進行。

典藏（Reserve）：在美國沒有正式意義。

酒精濃度（Alcohol by Volume〔ABV〕）：濃度從 7% 到 24% 之間不等，濃度高代表葡萄比較成熟。只要濃度超過 14% 就必須標示。

二氧化硫（Sulfites）：所有的葡萄酒都含有天然的二氧化硫。在美國，若二氧化硫含量超過 10ppm，酒標上就必須註明「含二氧化硫」（contains sulfites）。

77

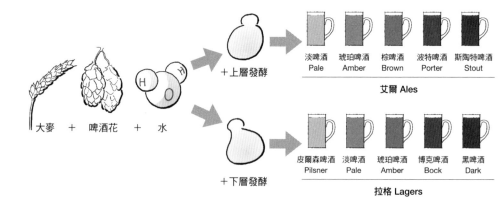

大麥 ＋ 啤酒花 ＋ 水

＋上層發酵

淡啤酒	琥珀啤酒	棕啤酒	波特啤酒	斯陶特啤酒
Pale	Amber	Brown	Porter	Stout

艾爾 Ales

＋下層發酵

皮爾森啤酒	淡啤酒	琥珀啤酒	博克啤酒	黑啤酒
Pilsner	Pale	Amber	Bock	Dark

拉格 Lagers

A beer is an ale or a lager.

啤酒有兩種：艾爾和拉格。

啤酒的種類繁多，很難搞懂，而且每天都有新的種類出現。即使是傳統的啤酒也不容易弄清楚，其中一個原因是啤酒廠並沒有一套統一的名詞，有些酒廠將較淡的啤酒稱為皮爾森（pilsner），較深的稱為拉格（lager），但其實皮爾森是拉格的一種。

啤酒的定義很簡單：由水、大麥麥芽、啤酒花（微苦，用來平衡麥芽的甜）和酵母製作而成。有時會用其他穀物來取代大麥，像是小麥啤酒或黑麥啤酒。

艾爾和拉格的不同在於發酵：艾爾是「上層發酵」，發酵溫度介於 60-75°F（15-24°C）；拉格是「下層發酵」，發酵溫度介於 40-58°F（4-14°C）。

每個人喜好的啤酒口味不同，一般來說，艾爾比較甜、果味較拉格強。淡啤酒（light）較適合搭配較清爽的食物，黑啤酒（dark）適合濃郁的食物，苦啤酒（hoppy）則適合重口味或油膩的食物。

78

烏斯特醬
鯷魚、沙丁魚

烤肉醬
山核桃（Pecan）

甜辣醬
小麥、大豆

鮪魚罐頭
酪蛋白（casein）、
大豆蛋白

過敏原通常會出現在類似的食物中

If you're allergic to dust, you might be allergic to shellfish.

對灰塵過敏可能也會對甲殼類和貝類過敏。

一般家裡的塵蟎屬於節肢動物，跟螃蟹、龍蝦、蝦和貝類屬於同一門，研究指出對塵蟎敏感是對原肌凝蛋白（tropomyosin）的反應，這種蛋白質存在於甲殼類和貝類的肌肉。

大約 4% 的人對某種食物過敏，成人間最常見的是花生、甲殼類、貝類、魚類、種子和蛋。如果食物中包含過敏原，請務必在菜單中標示，例如裹上碎胡桃的鱒魚。另外，過敏原也可能會透過間接的方式汙染食物，例如透過手或手套、餐具、鍋具和餐盤，所以只要有可能接觸到過敏原，即使只是盤飾，都必須重做。出餐時，沒有過敏原的也要分開出餐。

79

Don't eat raw beans.

別吃生豆。

生的豆類含凝集素（lectin），這是一種致命的毒素，花豆的含量是最高的。豆類在煮之前要先泡水過夜，浸泡的水倒掉後徹底沖淨，再水煮至熟透，叉子可以插入的程度。若沒有高溫煮熟，可能會增加有害的化合物。其他有毒的食物還包括：

馬鈴薯：是有毒茄科的一員，葉子、莖和皮上的綠芽都含有配醣生物鹼（glycoalkaloid）毒素，很少發生致死案例。

櫻桃、梅、李、桃的果核：其成分在磨碎和消化後會產生氰化物。

木薯粉：由木薯果實製成，而木薯的葉子含有氰化物。

大黃：葉子的草酸有毒，莖和根則可食用。

苦杏仁：未經處理的苦杏仁含有氰化物，一把便能致成人於死。在美國販售的杏仁都必須經過加熱，去除毒素。

蓖麻籽：毒性很強，四到八顆便能致成人於死，但是，蓖麻籽油是常見的健康食品，有時也會用於糖果、巧克力或其他食品中。

河豚：在亞洲被奉為美食，器官中帶有河豚毒素（tetrodotoxin），是一種致命的毒素，販售前需先移除。

80

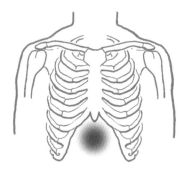

哈姆立克急救法的施壓點

廚房急救箱

刀傷：如果利器有鋸齒，讓肌肉組織外露，或有血液流出或噴出，打 119。如果有部位斷掉，以乾淨的塑膠袋、紗布或布包好，以冰塊覆蓋；以乾淨的布覆蓋傷口，抬高至少十五分鐘不要放下，不再流血後，小心地用水沖洗，冰塊可減輕腫脹。

燙傷：讓燙傷部位沖水十五分鐘，不要擦任何軟膏、奶油或冰敷。如果燙傷部位起水泡、變白或大於手掌，打 119。不要清除黏在傷口上的衣物或弄破水泡。將燙傷的手指分開，用乾淨的繃帶覆蓋。高舉過心臟，腳抬高避免休克。

過敏：打 119，如果患者有注射型腎上腺素（Epi-Pen），將針筒插入大腿並停留至少五秒鐘，按摩注射的部位，加速吸收，可能的話，讓患者服用抗組織胺，躺下、腳抬高，鬆開皮帶和太緊的衣物。

嗆到：打 119，接下來的處理方式專家不一定同意。如果嗆到的人有發出聲音，代表仍可以呼吸，可能可以咳出異物。若沒有聲音，可嘗試拍背或哈姆立克急救法。

眼睛濺到化學藥劑：立即用水連續沖洗十五分鐘，如果隱形眼鏡在沖水後仍留在眼中，要取出來。打 119。

81

A 類（Class A）：　紙張、木、紙板、部分塑膠

B 類（Class B）：　可燃液體，包括汽油、柴油、
　　　　　　　　　　機油、食用油

C 類（Class C）：　電氣火災

D 類（Class D）：　可燃固體金屬

K 類（Class K）：　建議商用廚房準備，化學噴霧可防
　　　　　　　　　　止油噴濺造成火勢漫延

滅火器的種類

Don't pour water on a grease fire.

不要在因油而起的火上潑水。

如果是在鍋中起火，通常只需蓋上鍋蓋即可撲滅，也可使用鹽或小蘇打粉，只是會需要很多才有效。最好的工具是乾粉化學滅火器，利用乾粉噴霧將火覆蓋住。事後必須徹底清潔，以免化學粉劑污染廚房。

絕對不要試圖用水來撲滅油類引起的火災，這樣會導致燃燒的油漫延開來，造成更大的損害。不要將著火的器具移到一個「比較安全」的地方，這樣可能會擴散火勢。

82

Chill.

冰凍。

餅乾：烤之前先將麵團放入冷凍庫三十分鐘，這能讓餅乾的油脂在進烤箱後，較其他材料慢溶化，這樣才能做出美味厚片餅乾，而不是扁平變形的餅乾。

酥皮麵團：溫度較高的奶油會吸附太多麵粉，讓麵團變得太扎實。將切成丁的奶油冰凍二十到三十分鐘，再加入麵粉中，便可以輕易地將奶油分開，烤出酥脆有層次的餅皮。

生牛肉：冰凍三十到六十分鐘後較易切成適合用來炒的薄片，或做成義式薄片生牛肉（carpaccio）這道開胃菜。培根冰凍十五到二十分鐘後，也會比較容易切薄片。

生蠔等貝類：冰凍十到十五分鐘後較易打開。

義式千層麵：預煮後將整盤放進冰箱中，就可以切成整齊的塊狀，再進一次烤箱，完成擺盤。

Fake kitchen facts

廚房裡的謠言

1. 辣椒的子是最辣的部分（事實：是白色的胎座）。

2. 烹煮會讓酒精揮發完（事實：只有部分）。

3. 蕃茄放在日照充足的窗邊可以變熟（事實：溫暖黑暗的地方）。

4. 在煮義大利麵的水中加油可以防止麵黏在一起（事實：大部分的油都會浮在水面上，最好的方法是使用夠大的鍋子，讓麵不會擠在一起）。

5. 木製的砧板會藏細菌（事實：裡面的細菌通常很快就會死掉）。

6. 肉只能翻面一次（事實：多翻幾次結果更好）。

7. 豬油不健康（事實：豬油的不飽和脂肪和膽固醇都比奶油低）。

8. 烤焦的肉可以鎖住肉汁（事實：烤焦不會防止液體流出）。

9. 解凍的肉不能再冷凍（事實：如果處理得好，並不會有問題）。

10. 迷你蘿蔔（baby carrot）是蘿蔔小時候（事實：是成熟蘿蔔切成的）。

84

一根湯匙煮東西，另一根試味道

Ten mistakes of the inexperienced cook

新手廚師的十大錯誤

1. 沒讓一切準備就緒

2. 沒有控制好時間，導致食物沒有依序完成

3. 開始做菜前不了解或沒有讀過食譜

4. 鍋子不夠熱，尤其是含蛋白質的食材

5. 沒有依照食譜或烹調的方法來選擇肉的部位

6. 煎或烤時鍋中太過擁擠

7. 煮濃湯時用的鍋子太小，產生結塊

8. 因為沒有考慮到食材烹調後的餘熱、或擔心上桌的食材沒熟，結果反而讓食材煮過頭了

9. 鹽加得不夠或加的時機不對

10. 菜上桌前沒有先試味道

85

廚師帽：吸汗並可包覆頭髮，不會散亂；高帽造型能讓頭部通風。在高檔的餐廳中，廚師帽代表受過正統訓練的廚師；在一般的餐廳可能只是棒球帽或頭巾。

雙前襟外套：白色耐熱，看起來乾淨

圍裙：防止燙到，而且可以迅速脫下

褲子：深色或千鳥格紋

毛巾：掛在背後腰帶上

防護鞋：適合久站，防滑鞋底，鋼或塑膠的前緣

標準的廚師服

Why the chef's jacket is double-breasted

為什麼廚師服有雙層前襟

廚師服的前襟有兩片，是可以翻面的，可以從左到右，也可以從右到左，走進餐廳與顧客打招呼時，可以翻出乾淨的那一面。

此外，廚師服以雙層厚棉（或與聚脂纖維混合）製成，通常防火，可以保護廚師不會被噴濺出來的湯汁燙傷，使用布料做成的栓扣，而不使用可能會卡住、破掉或掉進食物裡融化的鈕扣。為方便處理食物，會捲起袖子，並保持袖口乾淨，進入餐廳時再放下。

86

餐廳／商店
獨立或連鎖、餐車、
食品店或美食街

公司／組織
學校、醫院、
養老院、公司
的員公餐廳

外燴／私廚
特殊場合，或是在私人住家
的常態性服務

商用／工業用／批發商
服務餐廳或商店的製造商、
供應商和廠商

媒體／網紅
食物造型、行銷、食譜試煮、
銷售、寫作、評論

烹飪職業

School teaches you how to cook. Experience teaches you how to be a chef.

學校教你烹飪，經驗教你成為主廚。

所有的主廚都是廚師，但不是所有的廚師都是主廚。廚師負責單一廚站或整個廚房的準備就緒工作，主廚負責監督所有的廚師，而且精通各廚站的工作。廚師通常是時薪，主廚則是固定的月薪。廚師可能是實際準備餐點的人，但掛的是主廚的名字和名聲。

廚師已具備特定的技能，並能維持一貫的績效，通常是依照食譜作業。主廚也具備很多技能，但是可以根據直覺修改食譜，達到想要的效果。廚師知道如何做出所有的料理，主廚知道食物如何相輔相成。主廚用頭腦和心料理，並且深知對於食材及技術的了解勝過任何食譜。廚師知道怎麼做，主廚知道為什麼。

87

"You have no choice as a professional chef: you have to repeat, repeat, repeat, repeat until it becomes part of yourself……"

——JACQUES PÉPIN

「你無法選擇成為專業的主廚：你必須重複、重複、重複、重複，直到成為自己的一部分。我現在的烹飪方式當然跟四十年前不一樣，但是技術是不變的，這就是學生們要學習的：技術。」

——雅克‧貝潘＊

＊編註：雅克‧貝潘（1935–），法裔美籍傳奇名廚、廚藝教師，料理著作三十餘本。1980 年代晚期現身美國料理節目，名聲鵲起，其與茱莉亞‧柴爾德（Julia Child）共同主持的料理節目《茱莉亞與雅克的法式料理》（*Julia and Jacques Cooking at Home*）獲得 2001 年艾美獎。2004 年獲得法國最高榮譽勳位的榮譽軍團勳章（Légion d'honneur）。

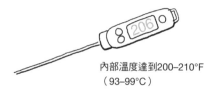

內部溫度達到200–210°F
（93–99°C）

輕壓後彈回來

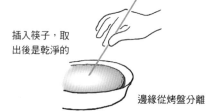

插入筷子，取
出後是乾淨的

邊緣從烤盤分離

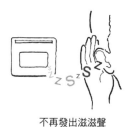

不再發出滋滋聲

蛋糕烤好的徵兆

Be present.

當下。

廚房中主要會用到的感官有視覺、嗅覺、味覺和觸覺，但是，聽覺也可以讓你隨時掌握食物的狀況與烹煮的進度。煮水的時候，你不需要顧著水溫，因為溫度到了水自然會滾，水滾時會發出聲音，表面會出現大量泡泡。大火收汁與小火收汁的聲音不一樣，小火收汁時我們也會聽到醬汁越煮越濃的聲音。食物放到鍋中時應發出滋滋聲，如果沒有聲音，取出食物，繼續熱鍋。

烤箱發出答答聲時，表示正在冷卻；發出咻咻聲時，表示正在加熱。正在烤的蛋糕會發出滋滋和答答聲，烤好的蛋糕便會安靜下來。烤好的麵包聲音雄厚，輕壓時可以感到一點中空。烤好的派會起泡泡。

新鮮的蔬菜會劈啪響，熟透的瓜聽起來飽滿，但輕叩有一些迴音，不熟的瓜則聽起來悶悶的。

89

Repurpose rather than reuse.

不是回收，是重生。

設計菜單時食材要可以共用：讓每一種食材都在多道菜中派上用場，如此一來，如果有一道都沒有人點，其他菜仍會用到。

絕對不可以出剩菜：煮過的菜進冰箱後，隔天必須用作其他用途，而不是再當成同一道菜出給顧客，無論食物維持得有多新鮮、味道有多好。剩下的白飯可以拿來炒飯，剩下的義式燉飯可以做成可樂餅，剩下的雞絲可以做成湯或沙拉，煎過的牛排可以做成法士達、牛肉派和燉牛肉，隔夜的麵包可以做成麵包屑、當餡料、做成麵包布丁以及麵包丁。

將剩餘的備料作為其他用途：讓廚房的運作系統化，讓主要用途的備料可以立即用在其他地方。屠體和骨頭可留下來熬高湯，多出來的小塊肉和魚可留下來做湯、燉肉、雜燴濃湯、肉捲、肉丸、開胃小點（法文 amuse-bouche 意指「嘴巴的娛樂」，是來自主廚的小禮物）、熟食冷肉（charcuterie），動物的脂肪取下後可作為烹飪的油，蔬菜或香草不要的根莖可用於高湯或濃湯。

冷食和熟食（乳酪、香腸火腿）

蔬菜水果

魚類

大塊的豬肉和牛肉

魚類、切好的肉／絞肉

整隻禽類、禽類切塊或絞肉

地板

冰櫃的存放順序

食物的保存

容器：使用無 BPA 的密封塑膠、PC 材質、玻璃或不銹鋼的容器，並清楚標示內容物、購買日期或儲存日期。

分門別類：讓忙碌時可以很快找到需要的東西。儲存室和冰櫃裡的架子和食物都要清楚標示，當架上空了，你才會知道要補什麼。貼一張儲存室／冰櫃裡的地圖在門上。

肉類存放在最底層：才不會讓肉汁汙染下面的食物。記得查詢規定，通常必須離地六英吋以上。

冰櫃不要塞太多東西：可能會讓機器過載，造成溫度不穩定。

乾貨：保存在陰暗的地方，溫度在 70°F／21°C 以下，最好是 50°F／10°C 左右。可能的話，使用除溼機。

先進先出：新進的食物放在後面，讓進比較久的食物可以先用掉。

91

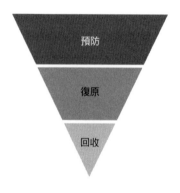

美國環保署建議的減少食物浪費的方法

＊譯註：生物柴油是一種回收食用油和其他來源油製成的燃料，可以用於柴油發動機之中。與用石油製成的柴油相比，生物柴油的黑煙排放量不到三分之一，而且幾乎不會排放二氧化碳和硫氧化物。

Ten ways to run a greener kitchen

十種方法讓廚房更環保

1. 與當地農場和供應商長期合作，盡可能減少使用非當令的食材。

2. 買有機認證的魚，以及不含荷爾蒙或抗生素、放養並以素食餵養的肉類。

3. 在屋頂或溫室種植香草或蔬菜。

4. 自己製作堆肥。僱用堆肥公司，或與當地使用餿水餵食動物的廠商合作。

5. 安裝管線，回收利用髒水以及屋頂的排水。廁所使用免沖水小便斗及感應式水龍頭。

6. 家具買二手的，或是買再生材質或可回收材質的家具。

7. 關店前降價販售沒賣完的熟食，例如甜點或外帶三明治，或讓員工帶回家。

8. 利用剩食製作員工餐點、捐給食物銀行或合法的遊民收容所。

9. 回收用過的油作為生物柴油（biofuel）*。

10. 回收塑膠、玻璃、紙類、金屬和保麗龍。使用百分之百可回收的外帶餐盒和餐具、紙吸管、可重覆使用的擦手巾和餐巾

92

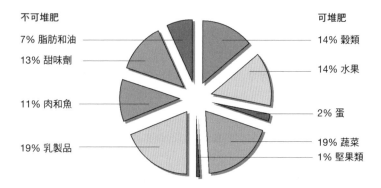

不可堆肥

7% 脂肪和油
13% 甜味劑
11% 肉和魚
19% 乳製品

可堆肥

14% 穀類
14% 水果
2% 蛋
19% 蔬菜
1% 堅果類

美國廢棄食物類別

How to compost

如何堆肥

1. 選擇日照充足適合微生物發揮作用的地點。堆肥方法正確，肥料的氣味不會是問題。如果擔心美觀，使用封閉式、及腰高、約三呎寬的容器；不然也可直接在室外進行，只是注意不要讓動物破壞。

2. 只放入植物類，包括**棕色廢料**（brown waste，紙、木材、稻草、樹葉）和**綠色廢料**（green waste，蔬果、除下來的草、咖啡渣），約 3：1 的比例。棕色廢料富含微生物分解廢料時所需的碳，綠色廢料則可以供給氮氣，製造新的土壤。堆肥不可含油脂、受病害的植物或動物性產品（animal products，肉類、乳製品、脂肪、寵物的排泄物）。廢料拆成小塊可加速分解。加一些先前做好的堆肥可加速微生物繁殖。

3. 堆肥要保持輕微的溼潤，每週要翻鬆透氣，空氣和溼氣的比例對了，聞起來應該是大地的氣息，而不是噁心的味道。

4. 幾週後若仍進展緩慢，多加一些綠色廢料。如果發出臭味，多加一些棕色廢料，更頻繁地翻動排溼。

5. 堆肥看起來變成肥沃的棕色土壤便是完成了，每年可幫你的花園或菜園施肥幾次。

93

A $2 chicken can cost $2 million.

六十塊的雞代價可能是六千萬。

雞鴨等禽類大約佔食安疾病的 25%，居所有食物之冠，根據一項完整的研究調查，餐廳是最常見的病源，主因是處理及料理不當。餐廳的責任還包括：

生物危害物：來自各種微生物，像是細菌、黴菌、酵母、病毒、真菌、葡萄球菌、肉毒桿菌、沙門氏菌、鏈球菌、大腸桿菌和李斯特菌。

化學危害物：來自清潔劑、農藥和其他有毒液體。

物理危害物：掉進食物的微粒，包括玻璃、塑膠、金屬、木頭、灰塵和塗料等。

環境危害物：地板太滑、結冰、照明不良、危險的人行道、停車場，危險的建築物、圍牆、樹和電線桿。餐廳可能得對車子、外送貨車，以及顧客在餐廳內的財物負責。

飲酒危害：餐廳可能必須為顧客飲酒過量負責。

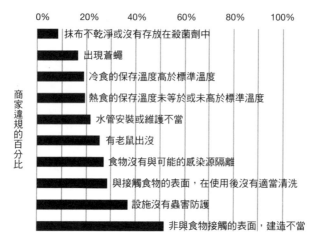

紐約市最常見的食品服務業違規
資料來源：ConsumerProtect.com 裡的 NYC Open Data

A surface must be cleaned before it can be sanitized.

表面必須先清潔再殺菌。

清潔：不用消毒劑，先移除較不會將病源汙染到食物的表面髒污，例如地板和窗戶。

殺菌：根據健康法規，會接觸到食物的表面都需要殺菌。殺菌可減少微生物，用熱水（至少 171°F／77°C）、蒸氣或化學藥劑，可以讓乾淨的表面維持在安全的狀態。標示為殺菌劑的產品必須能夠殺死 99% 的特定細菌。但是，殺菌劑對病毒和黴菌無效。

消毒：可以 100% 殺死產品標示宣稱的生物。

奧古斯都・艾考菲耶（Auguste Escoffier, 1846–1935）*

*編註：法國傳奇名廚，被譽為「廚師之王」（Roi des cuisiniers），其廚藝經典著作《烹飪指南》（*Le guide culinaire*, 1903）至今依舊作為教材使用。

The chef is chief.

主廚就是頭。

chef（主廚）在法文是 chief（頭領）的意思，在一世紀前仍不被視為英文。這個字源自拉丁文的 caput，意指 head（頭），是 per capita（每人）和 decapitate（斬首）的字根。

chef 一字進入烹飪界源自法文的「chef de cuisine」，即「廚房的頭」。主廚不只負責食物的準備，還包括所有會影響到整體用餐經驗的各方各面，包括室內擺設、燈光、點餐、食品安全衛生，甚至到水管管線。只要發生任何問題，主廚都要負責解決。

How to replace a faucet

如何換水龍頭

1. 如果有廚餘處理機，先關閉電源。關閉水槽下方的水閥，打開水龍頭，釋放壓力。拍下每個步驟，方便參照。

2. 用扳手取下水管，拿水桶接住流下來的水。

3. 請一個幫手從上面扶住水龍頭，你從下面鬆開並取出螺帽。取下水龍頭，徹底清潔水槽表面。

4. 將墊圈放在水槽上要裝入新水龍頭的洞上面，再放上水龍頭裝飾蓋。看說明書是否有寫需要密封膠。

5. 將水龍頭的管線插進水槽上的洞，從下面裝好墊圈和螺帽。如果步驟 4 有使用密封膠，從下面移除溢出的膠。

6. 如果是抽拉式水龍頭，需將可拉出的伸縮軟管連接到水管。將軟管往下拉，並裝上迴力配重塊。

7. 將軟管接到水管上，小心別轉太緊。

8. 開小水，檢查有無漏水。若有必要請將水管連接處轉更緊一點。接著放水流幾分鐘，排出水管中的空氣。

97

主廚的神奇小物

磚塊：清洗乾淨後用鋁鉑紙包好，可用在「磚壓雞」（pollo al mattone）這道義大利菜，讓雞肉在重壓下料理，只需平常一半的時間就能製作出酥脆的外皮和多汁的肉。

牙線：可用來切蛋糕、長條餅乾、軟質乳酪、麵團和乳酪蛋糕。

滴管：適合做裝飾，例如點狀的醬油或甜點醬汁。

指甲油或乳膠顏料：可在個人的工具上做記號。

尺：可用來量麵團發酵後的高度、牛排或其他食物的大小或厚度，或是撫平量杯上的材料。

小噴霧罐：用來噴溼派皮、在平底鍋中噴上薄薄一層油、在沙拉上噴上細緻的醬。

眉夾或尖嘴鉗：可用來挑魚刺或蛋殼碎片。

98

廚房求生術

提早準備。早點到，四處巡，看看什麼東西在什麼地方。詢問其他同仁，每個設備該注意的事項。什麼菜怎麼做，要寫筆記。

觀察該廚房的文化。看看是走安靜還是歡樂路線。

不斷檢查你的狀態。確定所有東西都在原位，每個容器都是滿的。當忙碌時，你不會有時間重新備料。當點單進廚房後，再次掃瞄確認，所有需要的材料都在手邊。

覆述出菜員跟你說的話。然後腦中再覆述兩次。盡量不要說話，專注在點單。

呼吸。當廚房忙碌時，給人一種興奮的忙亂。但當一切鬧哄哄時，記得不時喘口氣，看看現在是什麼狀況。

帶進冷凍室。如果跟同事有私事要談，可以的話，請人代理你的工作，將同事帶進冷凍室中，裡面幾乎是完全隔音的，低溫也可以幫助你們冷靜地快速解決問題。

如果手上沒事了。四處看看有無任何人——包括洗碗工——需要幫忙。

99

You can't escape people by going to the kitchen.

不能躲進廚房。

廚房位於後場，不會對外開放，看起來好像很適合內向的人，但其實內向在廚房的團隊中是行不通的，你必須主動溝通，仔細聆聽，確實遵照指令，對於別人的大聲指使不往心裡去，並給予你的部下明確的指示及尊重。

如果有無法克服的個人差異，提醒自己，整個廚房的團隊都有一個共同的目標：製作出品質、口味、外觀一致的餐點，符合主廚的期望。第一百份餐點都必須像同一個人做出來的一樣，但又是專為點餐的這位顧客特製的。

100

"No one who cooks, cooks alone......"

——Laurie Colwin

「沒有人是獨自烹飪的，即使是隻身一人在廚房的廚師，都是被各個世代的廚師、建議和食譜圍繞著。」

——蘿莉・柯文*

＊譯註：蘿莉・柯文（1944-1992），美國作家，著有《餐桌上的幸福》（*Home Cooking*）。

英文索引

（數字為篇章數）

中文索引

（數字為篇章數）

參考資料

第 35 篇：Ecotrust, "A Fresh Look at Frozen Fish: Expanding Market Opportunities for Community Fishermen", July 2017.

第 76 篇：Aaron Davis，英國皇家植物園−邱園（Royal Botanic Gardens, Kew）的咖啡研究責人

第 94 篇：Chai, S.J.; Cole D.; Nisler A.; and Mahon B.E. "Poultry: the most common food in outbreaks with known pathogens, United States, 1998-2012." *Epidemiology and Infection* 145, no. 2 (2017): 316-25.

主廚的料理法則

30年經驗才敢說，白宮主廚讓名人折服的101堂料理精華課
（原書名：料理的法則 修訂新版）

作　　者　路易斯·埃瓜拉斯 Louis Eguaras
繪　　者　馬修·佛瑞德列克 Matthew Frederick
譯　　者　趙慧芬
封面設計　白日設計
內頁構成　詹淑娟
執行編輯　劉鈞倫
企劃執編　葛雅茜
行銷企劃　王綬晨、邱紹溢、蔡佳妘
總編輯　　葛雅茜
發行人　　蘇拾平
出　　版　原點出版 Uni-Books
　　　　　Facebook：Uni-books原點出版
　　　　　Email：uni-books@andbooks.com.tw
　　　　　105401 台北市松山區復興北路333號11樓之4
　　　　　電話：（02）2718-2001　傳真：（02）2719-1308

發　　行　大雁文化事業股份有限公司
　　　　　105401 台北市松山區復興北路333號11樓之4
　　　　　24小時傳真服務（02）2718-1258
　　　　　讀者服務信箱 Email: andbooks@andbooks.com.tw
　　　　　劃撥帳號：19983379
　　　　　戶名：大雁文化事業股份有限公司

初版一刷　2021年1月

定價　350元
ISBN 978-957-9072-87-8

國家圖書館出版品預行編目資料

主廚的料理法則（修訂新版）：30年經驗才敢說，白宮主廚讓名人折服的101堂料理精華課 / 路易斯.埃瓜拉斯
(Louis Eguaras)作；馬修.佛瑞德列克(Matthew Frederick)繪. -- 初版. -- 臺北市：原點出版：大雁文化事業股份有限公
司發行, 2021.01

224面；14.8×20公分

譯自： 101 Things I Learned in Culinary School

ISBN 978-957-9072-87-8（平裝）

1.烹飪

427　　　　　109021630